水泥生产工国家职业技能培训教材

水泥质检员

中国水泥协会　指导修订
山东硅酸盐学会　编　　著

中国建材工业出版社

图书在版编目（CIP）数据

水泥质检员 / 山东硅酸盐学会编著. -- 北京 ：中国建材工业出版社，2021.1

水泥生产工国家职业技能培训教材
ISBN 978-7-5160-3084-4

Ⅰ. ①水… Ⅱ. ①山… Ⅲ. ①水泥－质量检验－技术培训－教材 Ⅳ. ①TQ172

中国版本图书馆 CIP 数据核字（2020）第 210471 号

水泥质检员
Shuini Zhijianyuan
中国水泥协会　指导修订
山东硅酸盐学会　编　著

出版发行：中国建材工业出版社
地　　址：北京市海淀区三里河路 1 号
邮　　编：100044
经　　销：全国各地新华书店
印　　刷：北京雁林吉兆印刷有限公司
开　　本：710mm×1000mm　1/16
印　　张：12.5
字　　数：240 千字
版　　次：2021 年 1 月第 1 版
印　　次：2021 年 1 月第 1 次
定　　价：**58.00 元**

本社网址：www. jccbs. com，微信公众号：zgjcgycbs

本书如有印装质量问题，由我社市场营销部负责调换，联系电话：（010）88386906

《水泥生产工国家职业技能培训教材》
编　委　会

《水泥质检员》

主　　编　陈仲圣

副 主 编　冯富宁　陈广军

序

《水泥生产工国家职业技能培训教材》编写组邀请我为修订后的丛书写序。盛情难却，特为教材的修订再版谈点自己的看法和愿望。

孔子曰："工欲善其事，必先利其器。"员工作为企业最基本的单元，是企业发展的基础。优秀企业必须要有优秀的员工，优秀的员工必须要具备优秀的素质和技能。高水平的技能培训教材，是培养高水平员工的前提。为适应我国水泥行业的发展，2006 年由中国水泥协会、山东硅酸盐学会共同组织编写，中国建材工业出版社出版了《水泥行业职业技能培训教材》，面向全国发行。教材共 4 本：《水泥中央控制室操作员》《水泥生产工（上册）》《水泥生产工（下册）》《水泥检验工》，对应国家劳动和社会保障部 4 个国家职业标准。教材出版后，对水泥行业职业技能培训起到了积极的作用，业内反映良好，教材先后加印了 6 次。

国家人力资源和社会保障部于 2020 年初颁布实施新的《水泥生产工国家职业技能标准》。新标准将水泥生产工分为 6 个工种：水泥生料制备工、水泥熟料煅烧工、水泥制成工、水泥生产中控员、水泥生产巡检工、水泥质检员。原有教材内容已不适应行业职业教育培训和职业技能鉴定工作要求，因此教材修订再版成为当务之急。

山东硅酸盐学会组织中国联合水泥集团有限公司、山东山水水泥集团有限公司、华新水泥股份有限公司、济南大学等单位专家，经 8 次座谈讨论修改，于 2019 年 12 月完成了《水泥生产工国家职业技能培训教材》修订和专家审定工作。本版教材的编委会成员、各册主编、副主编和编写人员来自于各大院校、大企业，从事教学研究、技术管理工作多年，具有雄厚的理论基础和丰富的现场经验，为顺利修订教材奠定坚实基础。修订后的教材亦由原来的 4 册变为 6 册，由中国建材工业出版社出版发行。

新修订出版的《水泥生产工国家职业技能培训教材》，必将为水泥行业开展的岗位技能培训、提高职工技术素质起到积极的推动作用，为助力水泥行业的创新发展做出新的更大的贡献，这应该是我和全体参与修订人员的愿望。

孔祥忠

二〇二〇年十月

前　言

为了规范水泥行业职业技能培训和鉴定工作，不断提高职工技术水平，山东硅酸盐学会于2006年组织有关单位编写了《水泥行业职业技能培训教材》。中国建材工业出版社于2006年11月出版，面向全国发行。教材出版后，业内反映良好，多次加印，对水泥行业职业技能培训起到积极的推动作用。

2006年版教材出版至今已逾14年。期间我国水泥行业设备更新换代加快，新技术不断得到采用，水泥窑协同处置废弃物、余热发电、生料采用立式磨（窑磨一体化）等，且部分国家标准、行业标准亦不断调整更新，原有教材内容已不适应行业发展的需要。应中国建材工业出版社的要求，教材修订再版提上日程。

教材修订期间，适逢国家人力资源和社会保障部部署国家职业技能标准制定修订工作。其中，《水泥生产工》国家职业技能标准制定工作由中国水泥协会和山东硅酸盐学会共同承担并完成。为此，制定《水泥生产工》国家职业技能标准与修订水泥培训教材有机结合，同期进行。《水泥生产工》国家职业技能标准由国家人力资源和社会保障部于2020年3月30日颁布执行，修订后的教材亦可即时出版发行。

按照《水泥生产工》国家职业技能标准的规定，教材更名为《水泥生产工国家职业技能培训教材》。在中国水泥协会指导和大力支持下，山东硅酸盐学会具体组织了教材修订工作。中国硅酸盐学会、中国建筑材料联合会培训中心支持并参与教材修订工作。按照工种设置，修订后教材共6册：《水泥生料制备工》《水泥熟料煅烧工》《水泥制成工》《水泥生产中控员》《水泥生产巡检工》《水泥质检员》。

教材以新型干法水泥生产工艺为主，兼顾其他生产工艺，涵盖水泥生产的全过程，采用问答方式，按照水泥从业人员初级（《水泥生产中控员》《水泥质检员》未设初级）、中级、高级、技师、高级技师的不同技能要求，提出问题，给出答案，着重解决生产中的实际问题。教材基本体例不变，仍然采用问答方式，按照水泥从业人员初级、中级、高级、技师、高级技师不同技能要求编排。在内容上，教材注重岗位要求的基本生产技术知识，重点侧重解决实际问题。

教材主要适用于水泥行业开展职业教育培训和职业技能鉴定工作，亦可为从事水泥科研、生产、设计、教学、管理的相关人员阅读和参考。

参加修订的有中国联合水泥集团有限公司、山东山水水泥集团有限公司、金隅冀东（唐山）水泥有限责任公司、济南大学、国家水泥质量监督检验中心、尧柏特种水泥集团、云南祥云县建材（集团）有限责任公司、泰安中意粉体热工研究院等单位。

各册主要修订人员如下：

《水泥生料制备工》：张传行、刘永杰、李保明、吕鹏、李培荣

《水泥熟料煅烧工》：安宝军、孙文博、孙冠枫、党同辉、韩文贤

《水泥制成工》：林道同、孙国良、梁学文、戴爱生

《水泥生产中控员》：刘浩堂、朱先锋、许艳赏、徐相斌

《水泥生产巡检工》：刘洪波、孙绪元、张志奇、仪洪杰、史成新

《水泥质检员》：杨柳、林盼盼、马传杰、周斌

孔祥忠同志对教材修订工作给予指导；王郁涛同志参与了教材修订组织工作；彭建同志具体组织教材修订工作；王郁涛、辛生业、陈绍龙、彭宝利同志对教材修订稿进行审定；刘捷、李江、刘艳、王新路、冯富宁、陆继刚、张庆华、张丽梅、王发印、许林舟、范永斌、肖琼、李永胜、赛同达、王东胜、李继顺等同志参与教材修订相关工作。在此对上述同志付出的辛勤劳动一并表示感谢！

由于编著水平所限，教材难免存在疏漏和错误之处，恳请广大读者提出批评和建议，使教材不断完善。

编著者

2020年10月

目　录

1 基础知识

1. 在我国，水泥如何定义和分类

根据《水泥的命名原则和术语》（GB/T 4131—2014），水泥是一种细磨材料，与水混合成塑性浆体后，能在空气中水化硬化，并能在水中继续硬化保持强度和体积稳定性的无机水硬性胶凝材料。

水泥按其用途和性能分为：通用水泥和特种水泥。通用水泥是一般土木建筑工程通常采用的水泥；特种水泥是具有特殊性能或用途的水泥。

水泥按其水硬性矿物名称主要分为：硅酸盐水泥、铝酸盐水泥、硫铝酸盐水泥、铁铝酸盐水泥、氟铝酸盐水泥。

2. 什么是通用硅酸盐水泥

通用硅酸盐水泥是以硅酸盐水泥熟料和适量的石膏及规定的混合材料制成的水硬性胶凝材料。

通用硅酸盐水泥按混合材料的品种和掺量分为硅酸盐水泥、普通硅酸盐水泥、矿渣硅酸盐水泥、火山灰质硅酸盐水泥、粉煤灰硅酸盐水泥和复合硅酸盐水泥。

3. 通用硅酸盐水泥代号后边数字和 R 是什么含义

通用硅酸盐水泥代号后边数字表示该水泥产品的强度等级，R 表示该水泥是早强型水泥。如 P·C 42.5R 含义是：早强型 42.5 级复合硅酸盐水泥。

4. 硅酸盐水泥熟料的定义是什么

硅酸盐水泥熟料是一种由主要含 CaO、SiO_2、Al_2O_3、Fe_2O_3 的原料按适当配比磨成细粉，烧至部分熔融，所得以硅酸钙为主要矿物成分的产物。

5. 国家标准对硅酸盐水泥组分有什么规定

《通用硅酸盐水泥》（GB 175）规定硅酸盐水泥组分中，硅酸盐熟料加石膏的含量占总量的 100%，代号为 P·Ⅰ；硅酸盐熟料加石膏的含量大于或等于总量的 95%，其中小于或等于 5%的混合材料只能是粒化高炉矿渣或者石灰石，代号为 P·Ⅱ。

6. 普通硅酸盐水泥的特性及使用范围是什么

普通硅酸盐水泥与硅酸盐水泥性能相近，具有凝结时间短、快硬早强高强、抗冻、耐磨、耐热、水化放热集中、水化热较大、抗硫酸盐侵蚀能力较差的性能特点。相比硅酸盐水泥，早期强度增进率稍有降低，抗冻性和耐磨性稍有下降，

抗硫酸盐侵蚀能力有所增强。

普通硅酸盐水泥可用于任何无特殊要求的工程。一般不适用于受热工程、道路、低温下施工工程、大体积混凝土工程和地下工程，特别是有化学侵蚀的工程。

7. 矿渣硅酸盐水泥的特性及使用范围是什么

矿渣硅酸盐水泥具有需水性小、早强低后期增长大、水化热低、抗硫酸盐侵蚀能力强、受热性好的优点，也具有保水性和抗冻性差的缺点。

矿渣硅酸盐水泥可用于无特殊要求的一般结构工程，适用于地下、水利和大体积等混凝土工程，在一般受热工程（＜250℃）和蒸汽养护构件中可优先采用矿渣硅酸盐水泥，不宜用于需要早强和受冻融循环、干湿交替的工程中。

8. 国家标准对火山灰质硅酸盐水泥组分有什么规定

《通用硅酸盐水泥》（GB 175）规定火山灰质硅酸盐水泥（代号 P·P）掺入的是火山灰质混合材料；硅酸盐熟料加石膏的含量不小于总量的 60％且小于 80％，火山灰质混合材料的掺加量大于 20％且不大于 40％。

9. 火山灰质硅酸盐水泥和粉煤灰硅酸盐水泥的特性和使用范围是什么

火山灰质硅酸盐水泥具有较强的抗硫酸盐侵蚀能力、保水性好和水化热低的优点，也具有需水量大、低温凝结慢、干缩性大、抗冻性差的缺点。粉煤灰硅酸盐水泥具有与火山灰质硅酸盐水泥相近的性能，相比火山灰质硅酸盐水泥，其具有需水量小、干缩性小的特点。

火山灰质硅酸盐水泥和粉煤灰硅酸盐水泥可用于一般无特殊要求的结构工程，适用于地下、水利和大体积等混凝土工程，不宜用于冻融循环、干湿交替的工程。

10. 国家标准对粉煤灰硅酸盐水泥组分有什么规定

《通用硅酸盐水泥》（GB 175）规定粉煤灰硅酸盐水泥（代号 P·F）中混合材料是粉煤灰。其硅酸盐熟料加石膏的含量不小于总量的 60％且小于 80％，粉煤灰的掺加量大于 20％且不大于 40％。

11. 水泥生产的主要原料有哪几种

（1）石灰质原料。它是以提供碳酸钙为主的原料，例如：石灰岩、白垩、贝壳、蛎壳等。

（2）黏土质原料。它的主要化学成分为 SiO_2、Al_2O_3 以及 Fe_2O_3 等。天然黏土质原料有黏土、黄土、页岩类、砂岩等。

（3）校正原料。它主要包括铁质校正原料、硅质校正原料、铝质校正原料。

12. 什么是水泥混合材料？生产水泥掺加混合材料有什么作用

在水泥生产过程中，为改善水泥性能、调节水泥产品的强度等级，而加入到水泥中的矿物质材料，称之为水泥混合材料（简称混合材）。

在水泥中掺加混合材料不仅可以调节水泥强度等级与品种，增加水泥产量，降低生产成本，而且在一定程度上改善水泥的某些性能，满足建筑工程中对水泥的特殊技术要求。此外，还可以综合利用大量工业废渣，具有环保、节能和废弃物资源化的重要意义。

13. 水泥混合材料是如何分类的

水泥混合材料根据其活性大小分为活性混合材料和非活性混合材料两大类。

14. 何谓活性混合材料和非活性混合材料

凡是天然的或人工制成的物质材料，磨成细粉，在加水后其本身不硬化，但与石灰加水调合成胶泥状态，不仅能在空气中硬化，而且能继续在水中硬化，这类材料称为活性混合材料。主要有粒化高炉矿渣、粉煤灰、火山灰质混合材料等。非活性混合材料是指其活性指标不符合活性混合材料国家标准中技术要求的粉煤灰、火山灰质混合材料、粒化高炉矿渣及石灰石、砂岩等。

15. 什么是粒化高炉矿渣

在高炉冶炼生铁时，所得到的以硅铝酸盐为主要成分的熔融物，经淬冷成粒后，具有潜在水硬性的材料，即为粒化高炉矿渣（简称矿渣）。

16. 什么是粉煤灰？什么是火山灰质混合材料

（1）从电厂煤粉炉烟道气体中收集的粉末称为粉煤灰。

（2）火山灰质混合材料是具有火山灰性的天然的或人工的矿物质材料。

17. 什么是C类粉煤灰？什么是F类粉煤灰

按煤种分为C类和F类。

（1）C类粉煤灰是由褐煤或次烟煤煅烧收集的粉煤灰，其氧化钙含量一般大于10%。

（2）F类粉煤灰是由无烟煤或烟煤煅烧收集的粉煤灰。

18. 什么是卵石、碎石？什么是天然砂、人工砂

（1）卵石是由自然条件作用而形成的，公称粒径大于5.00mm的岩石颗粒。

（2）碎石是由天然岩石或卵石经破碎、筛分而得的，公称粒径大于5.00mm的颗粒。

（3）天然砂是由自然条件作用而形成的，公称粒径小于5.00mm的岩石颗粒，按其产源不同，可分为河砂、海砂和山砂。

（4）人工砂是岩石经除土开采、机械破碎、筛分而成的，公称粒径小于5.00mm的岩石颗粒。

19. 生产水泥的主要燃料有哪些

生产水泥的主要燃料有固体燃料、液体燃料和气体燃料。我国水泥工业目前

主要使用固体燃料煅烧水泥熟料，常用的有烟煤、无烟煤和焦炭。

20. 水泥回转窑用煤的质量等级和技术要求

依据《商品煤质量　水泥回转窑用煤》（GB/T 7563—2018）中规定，水泥回转窑用煤按发热量和全硫指标进行等级划分，以“发热量等级＋全硫等级”的形式表示，其质量技术要求见表1-1，其他指标按《商品煤质量评价与控制技术指南》（GB/T 31356—2014）规定执行。

表1-1　水泥回转窑用煤发热量等级、全硫等级与指标要求

项目	等级划分与指标要求		
发热量等级	5800	5500	5000
指标要求 $Q_{net,ar}$（MJ/kg）	≥24.24	≥22.99	≥20.90
全硫等级	S1	S2	S3
指标要求 $S_{t,d}$（%）	$S_{t,d}$≤0.50	0.50>$S_{t,d}$≤1.00	1.00>$S_{t,d}$≤2.00

21. 水泥熟料中含有哪些氧化物？含量大约各为多少

硅酸盐水泥熟料中所含氧化物：氧化钙（CaO）、二氧化硅（SiO_2）、三氧化二铝（Al_2O_3）、三氧化二铁（Fe_2O_3）及少量的氧化镁（MgO）、三氧化硫（SO_3）、氧化钾（K_2O）、氧化钠（Na_2O）。

含量为：CaO 62%～67%；SiO_2 20%～24%；Al_2O_3 4%～7%；Fe_2O_3 2.5%～6%；MgO<4.5%；SO_3<1.0%；K_2O＋Na_2O<1.0%。

22. 硅酸盐水泥熟料含有哪几种主要矿物？对水泥质量有何作用

硅酸盐水泥熟料主要含有四种矿物：硅酸三钙、硅酸二钙、铝酸三钙、铁铝酸四钙，其分子式缩写为：C_3S、C_2S、C_3A、C_4AF。

硅酸三钙凝结时间正常、水化较快，早期强度高、强度增进率较大，其28d强度、一年强度是四种矿物中最高的。它的体积干缩性较小，抗冻性较好。

硅酸二钙水化速度较慢，凝结硬化缓慢，早期强度较低，水化热低，体积干缩性小，抗水性和抗硫酸盐侵蚀能力较好。

铝酸三钙水化速度及凝结硬化快，放热多，硬化很快，3d内强度就大部分发挥出来；干缩变形大，抗硫酸盐性能差，脆性大，耐磨性差。

铁铝酸四钙强度早期类似于铝酸三钙，后期不断增长；水化热低，干缩变形小，耐磨，抗冲击，抗硫酸盐侵蚀能力强。

23. 水泥的基本物理力学性能有哪些

水泥质量的好坏，可以从它的基本物理力学性能反映出来。根据对水泥的不同物理状态进行测试，其基本物理性能可分如下几类：

（1）水泥为粉末状态下测定的物理性能，如密度、细度等。

（2）水泥为浆体状态下测定的物理性能，如凝结时间（初凝、终凝）、需水性（标准稠度、流动性）、泌水性、保水性、和易性等。

（3）水泥硬化后测定的物理力学性能有：强度（抗折、抗拉、抗压）、抗冻性、抗渗性、抗大气稳定性、体积安定性、湿胀干缩体积变化、水化热、耐热性、耐腐蚀性（耐淡水腐蚀性、耐酸性水腐蚀性、耐碳酸盐腐蚀性、耐硫酸盐腐蚀性、耐碱腐蚀性等）。

水泥的物理力学性能直接影响着水泥的使用质量。有些最基本的物理性能是在水泥出厂时必须测定的，如强度、细度、凝结时间、安定性等，其他物理性能则根据不同的品种和不同的需要而进行测定。

24. 水泥的全分析检验主要包括哪些内容

水泥的全分析检验主要指水泥生产的原材料、生产中的过程产品（如生料、熟料、水泥）的检验。

原材料主要包括：烧失量、SiO_2、Al_2O_3、Fe_2O_3、CaO、MgO、硫酸盐 SO_3、水分、石膏的结晶水、附着水、不溶物等。

生料、熟料主要包括：烧失量、SiO_2、Al_2O_3、Fe_2O_3、CaO、MgO、硫酸盐 SO_3 等。

水泥主要包括：烧失量、MgO、硫酸盐 SO_3、硅酸盐水泥的不溶物等。

根据需要进行检验：F^-、Cl^-、MnO_2、TiO_2、K_2O、Na_2O 等。

25. 什么叫水泥的抗渗性？测定水泥抗渗性有何重要意义

水泥抗渗性亦称不透水性，是指水泥硬化体抵抗水的渗透作用的性能。一般以试件在一定水压作用下经过一定时间后是否透水来表示，亦可用在一定压力和一定时间内透过试件的水量或在一定压力下试件开始透水的时间来表示。

混凝土的抗渗性与其耐久性有着密切的关系。在水利工程中，由于混凝土往往要承受较高的水压，如果混凝土的抗渗性很差，透过混凝土的水就可把石灰浸析出来，并引起其他化学成分及水化物的溶析，同时还会把其他有害的侵蚀物质带入混凝土内部，使混凝土强度降低甚至遭到破坏。因此，为了保证水泥砂浆或混凝土能用在经常受水压的建筑物中具有耐久性，水泥的抗渗试验是很重要的。

26. 什么叫水泥的抗冻性？测定水泥抗冻性有何重要意义

水泥抗冻性是指水泥硬化体抵抗冻融循环的性能，通常用水泥混凝土试件进行检验，并以混凝土的抗冻等级表示。

在建筑工程中，混凝土构筑物在天然条件下经常受到干湿、冷热、冻融交替等物理作用。冻融交替作用对混凝土特别是港口混凝土的破坏和威胁是较大的，在冻融过程中，混凝土内部毛细管结冰致使体积膨胀而产生的较大水压力，致使混凝土强度下降，遭到破坏。在构筑物中，由冻融交替引起混凝土破坏的形式随其类型、位置、含水状态等各种条件而不同。最常见的是由于反复冻融引起水泥石的崩溃，砂浆部分呈粉屑状脱落而露出粗集料，也有在构件的端部、混凝土路面板的接缝处、平行于水工构筑物水位线处产生线状裂缝。因此，在水泥的特性试验中，必须测定水泥的抗冻性。

27. 通用硅酸盐水泥的水化过程分为哪几个阶段

通用硅酸盐水泥的水化过程分为三个阶段：

（1）溶解阶段：当水泥与水接触后，颗粒表面开始水化，生成少量水化产物，并立即溶解在水中。暴露出来的新表面，使水化作用继续进行，直至生成水化产物的饱和溶液为止。

（2）胶化阶段：由于溶液饱和，继续水化的产物不能再溶解了，而直接以胶体颗粒析出。随着水化产物的增多，水化物聚集，水泥浆逐渐失去可塑性，产生了凝结现象。

（3）结晶阶段：由微观晶体组成的胶体并不稳定，能够逐渐再结晶，生成宏观晶体，使水泥浆硬化体的机械强度不断提高，最终成为具有一定机械强度的水泥石。

28. 简述水泥的水化、水化速度、水化程度、水化深度的定义

（1）水泥粉体由无水状态转变为含有结合水的反应叫水泥的水化。

（2）水化速度是指单位时间内水泥的水化程度或水化深度。

（3）水化程度是指已经水化的水泥量与水泥浆中原有水泥量的比值（百分率）。

（4）水化深度是指水泥颗粒已经水化的厚度。

29. 影响水泥水化速度的主要因素有哪些

（1）熟料矿物组成的影响：水泥的硬化速度不是四种矿物硬化速度的简单加和，但也有一些相关规律性，C_3A 水化速度非常迅速，C_4AF 和 C_3S 次之，C_2S 水化速度最慢，但后期强度增长率高。另外，水化产物的结构也影响水化速度。

（2）水泥粉磨细度的影响：提高水泥的粉磨细度，使水泥颗粒的表面积增大，因而水化反应也进行得快，水泥的硬化速度增快，早期强度高。根据大量的实验证明，$25\mu m$ 以下的颗粒活性最大，可以加速水泥凝结硬化速度，提高早期强度，但粉磨过细在经济技术上也不合理，所以要选择一个“最佳细度”，使水泥的颗粒级配合理为佳。

（3）养护温度的影响：温度升高，水化反应加速，提高早期强度。

（4）水灰比的影响：增大水灰比会使水化速度加快。

（5）外加剂的影响：加入少量外加剂也能促进水泥的水化速度和水化过程。

30. 水泥的物理检验主要包括哪些内容

主要包括：水泥的细度、比表面积、安定性、密度、标准稠度和凝结时间、不同龄期的抗折强度和抗压强度检验等。

31. 何谓水泥的体积安定性

反映水泥硬化后体积变化均匀性的物理性质指标叫作水泥的体积安定性，简称水泥安定性。它是水泥质量的重要指标之一。

32. 水泥的强度是怎样产生的

水泥加水拌和后，熟料矿物迅速水化，生成大量的水化产物，如水化铝酸钙（C-A-H）、水化硅酸钙（C-S-H）凝胶，并生成氢氧化钙 $Ca(OH)_2$ 溶液；水化铝酸钙与石膏中的硫酸钙（$CaSO_4$）反应生成三硫型的钙矾石（AFt）晶体。经过一定时间以后，C-S-H 也以长纤维晶体在熟料颗粒上长出，同时钙矾石晶体逐渐长大，它们在水泥浆体中相互交织联结，形成网状结构；随着水化的进一步进行，水化产物数量不断增加，晶体尺寸不断长大，从而使硬化浆体结构更为致密，形成了水泥石，强度越来越高。

33. 为什么把水泥生产过程简称为“两磨一烧”

因为水泥生产过程分为三个阶段，即石灰质原料、黏土质原料以及少量的校正原料，经破碎或烘干后，按一定比例配合、磨细，并制备为成分合适、质量均匀的“生料”，称之为第一阶段：生料粉磨。然后将生料加入水泥窑中煅烧至部分熔融，得到以硅酸钙为主要成分的“熟料”，称之为第二阶段：熟料煅烧。熟料中加入适量的石膏，有时还加入一些混合材料，共同磨细为“水泥”，称之为第三阶段：水泥粉磨。所以，行业内习惯把水泥生产过程简称为：“两磨一烧”。

34. 试述石膏的缓凝机理

未加石膏的水泥加水拌和之后之所以会发生快凝，主要是由于熟料中的 C_3A 很快地溶于水中，迅速生成铝酸钙水化物，从而使水泥浆体很快凝结。为了避免这种不正常的快凝现象，水泥中一般都需加入适量石膏，以调节水泥的凝结时间。

适量石膏，对水泥熟料的缓凝作用是由于水泥水化时，石膏很快与 C_3A 及 $Ca(OH)_2$ 发生反应生成难溶于水的水化硫铝酸钙，在 C_3A 粒子表面形成包裹层，阻止了 C_3A 进一步水化，使溶液中铝酸盐的溶解度降低，以致铝酸钙的水化产物不能分离出来。这样，对凝结时间起决定作用的将不是 C_3A，而是反应较慢的 C_3S 胶体溶液自身浓度的增大，减慢了 C_3A 和 C_3S 等熟料矿物的水化过程，从而延缓了水泥的凝结时间。

35. 为什么要控制水泥细度

水泥细度指的是水泥粉磨的程度。水泥越细，水化速度越快，水化越完全，对水泥胶凝性物质，有效利用率就越高；水泥的强度，特别是早期强度也越高；还能改善水泥的泌水性、和易性、黏结力等。但是，水泥过细，比表面积过大，水泥浆体要达到同样的流动度，需水量就增加，将使硬化浆体因水分过多引起孔隙率增加而降低强度；同时水泥过细，水泥磨产量也会迅速下降，单位产品电耗成倍增加。所以，水泥细度应根据熟料质量、粉磨条件以及所生产的水泥品种、强度等级等因素来确定。

36. 国家标准中为什么要限制水泥产品的碱含量

碱含量就是水泥中碱物质（NaOH、KOH）的含量。碱含量主要从水泥生产原材料带入，尤其是黏土。碱含量越高，使水泥凝结时间缩短，早期强度提高而后期强度降低；碱含量对减水剂的影响较大，碱含量越高，混凝土流动性越小。

碱含量高，还会引起水泥混凝土产生“碱-骨料反应”，即：来自水泥、外加剂、环境中的碱在水化过程中析出 NaOH 和 KOH，与骨料（指砂、石）中活性 SiO_2 相互作用，形成碱的硅酸盐凝胶体，致使混凝土发生体积膨胀，呈蛛网状龟裂，导致工程结构的破坏。

国家标准《通用硅酸盐水泥》（GB 175）规定：水泥中碱含量按 $Na_2O+0.658K_2O$ 计算值表示。用户要求提供低碱水泥时，水泥中的碱含量由买卖双方协商确定。

37. 国家标准中为什么要限制水泥产品中的氯离子含量

钢筋锈蚀是混凝土破坏的重要形式之一，而氯离子是混凝土中钢筋锈蚀的重要因素。

38. 什么是新时代的“工匠精神”

“工匠精神”，原来是指工匠（技术工人）对自己的产品精雕细琢，精益求精、更完美的精神理念。党的十九大提出了新时代的“工匠精神”具有的新内涵，主要包括：爱岗敬业的职业精神、精益求精的品质精神、协作共进的团队精神、追求卓越的创新精神这四个方面的内容。其中，爱岗敬业的职业精神是根本，精益求精的品质精神是核心，协作共进的团队精神是重点，追求卓越的创新精神是灵魂。

39. 化验室对各检验岗位人员的密码抽查次数是如何规定的

（1）生产控制岗位每人每月不少于 4 个样品；

（2）化学全分析岗位每人每月不少于 2 个样品；

（3）单项物理检验岗位每人每月不少于 4 个样品；

（4）强度检验岗位每月不少于 2 个样品；

（5）同一岗位的对比检验每月应进行一次。

40. 何谓数据？数据分为哪几类？它们的特点是什么

数据就是数值，也就是通过观察、实验或计算得出的结果。数据有很多种，最简单的就是数字。数据也可以是文字、图像、声音等。

数据分为连续性变量和分类变量。

（1）连续性变量：比如强度、化学分析等检验数据，这些变量的特点是可以有小数点，可以直接录入。

（2）分类变量：其变量值是定性的，表现为互不相容的类别或属性，可分为无序分类变量和有序分类变量两类。①无序分类变量是指所分类别或属性之间无程度和顺序的差别。例如二项分类的性别（男、女）等；多项分类的血型（O、A、B、AB）等。②有序分类变量是指各类别之间有程度的差别。如尿糖化验结果按一、±、＋、＋＋、＋＋＋分类。

41. 什么是有效数字？如何确定有效数字

有效数字是指试验中实际测定的数字。由于测量仪器的精密度总是有限的，所以测定数据的最后一位往往是估计出来的，不够准确，因此有效数字就是只保留最末一位不准确数字，而其余均为准确数字的数字。

有效数字的确定方法：

（1）数字1、2、3、4、5、6、7、8、9都是有效数字。

（2）数字前面的0仅起定位作用，不是有效数字。如0.00524，前三个0均不是有效数字。

（3）数字之间的0和数字末尾的0都是有效数字，如0.04010有效数字是4位。

（4）以0结尾的正整数有效数字的位数不确定，如1000，此时若写成乘方的形式，1.00×10^3，有效数字是三位，若写成1.000×10^3，有效数字是四位。

有效数字既表示数字的大小，又表示检测数值的准确度，数字的位数不能少写也不能多写。

42. 数值修约规则是什么

数值修约是通过省略原数值的最后若干位数字，调整所保留的末尾数字，使最后所得到的值最接近原数值的过程。经数值修约后的数值称为（原数值的）修约值。《数值修约规则与极限数值的表示和判定》（GB/T 8170）中规定了对数值进行修约的规则。

（1）数值进舍规则简单表述为“4舍6入5单双”，具体如下：

a. 拟舍弃数字的最左一位数字小于5，则舍去，保留其余各位数字不变。

例：将12.1498修约到个位数，得12。将12.1498修约到一位小数，得12.1。

b. 拟舍弃数字的最左一位数字大于5，则进一，即保留数字的末位数加1。

例：将1268修约到百位数，得1300。

c. 拟舍弃数字的最左一位数字是5，且其后有非0数字时进一，即保留数字的末位数加1。

例：将 10.5002 修约到个位数，得 11。

d. 拟舍弃数字的最左一位数字是 5，且其后无数字或均为 0 时，若所保留的末位数字为奇数（1、3、5、7、9）则进一；若所保留的末位数字为偶数（0、2、4、6、8）则舍去。

例：将 1.050 修约到一位小数，得 1.0；3500，修约间隔为 1000，得 4000。

（2）负数修约

先将它的绝对值按前述规定进行修约，再在所得的值前加负号。

例：－355，修约到十位数，得－360；将－0.0365 修约到三位小数，得－0.036。

43. 误差与偏差有什么区别

误差和偏差是两个不同的概念。

将检测值与真实值之间的差异称为检测的观测误差，简称为误差。

偏差是测量值相对于平均值的差异（绝对偏差、标准偏差等），或两个测量值彼此之间的差异（极差等）；而误差是测量值与真实值之间的差异。

44. 误差的表示方法

测定结果与真实值的差异越小，误差就越小，准确度越高。误差用绝对误差、相对误差和残余误差来表示。

（1）绝对误差 E，指测定结果与真实值之差。

单次测定值误差 $$E = x - \mu_0$$

多次测定值误差 $$E = \bar{x} - \mu_0$$

式中 x ——单次测定值；

$\bar{x}$ ——多次测定值的算术平均值；

μ_0 ——真值（标准值）。

（2）相对误差 H，指误差在测定数据中所占的百分率。

$$H = \frac{E}{\mu_0} \times 100\%$$

例：《水泥企业质量管理规程》中规定不同实验室检验结果的允许相对误差为：抗折强度±9%，抗压强度±7%。强度相对误差计算公式如下：

$$\text{强度相对误差} = \frac{\text{公司检测值} - \text{质检机构检测值}}{\text{质检机构检测值}} \times 100\%$$

（3）残余误差 d，又称残差、剩余误差。某一测量值与用有限次测量得出的算术平均值之差称为残差，见下式：

$$d = x_i - \bar{x}$$

残差可以通过一组测量值计算得出，因而在误差计算中经常使用。例如：标准样品的证书值、质检机构的测量值、某一参数的目标值，经常被当做标准值用来估计测量值的残差。

45. 准确度和精密度有何区别

（1）准确度是指测量结果与真值的符合程度。具体说就是多次平行测量值的算术平均值 $\bar{x}$ 与真值 μ_0 的符合程度。根据系统误差的概念，可以用系统误差度量测定结果的准确度。另外，随机误差的大小也影响准确度，因此测量结果的准确度是反映系统误差和随机误差合成值大小的程度，用测量结果的最大可能误差来表示。

（2）精密度是指在同一外部条件下对同一物理量进行多次独立测量时所得结果的重复性。根据随机误差的概念，可以用随机误差度量测定结果的精密度。对于精密度指标，又可进一步细分为重复性精密度和再现性精密度。

准确度和精密度在误差理论中是完全不同的两个概念。精密度高是准确度高的必要前提。精密度的高低取决于随机误差的大小，与系统误差的大小无关；准确度的高低既取决于系统误差的大小，也与随机误差的大小有关。

46. 什么是频数、频率及概率

（1）频数：测定数据中某一数据重复出现的次数或在某一范围内数值重复出现的次数。

（2）频率：某一事件或某一数值（或某一范围内数值）重复出现的次数（f）占总次数（n）的百分比。

（3）概率的统计定义就是把概率理解为频率 f/n 的稳定值；在条件基本相同的大量重复试验中，随着试验总次数不断增加，频率 f/n 总是在某一常数附近波动，相对地稳定下来，这就是频率的相对稳定性。这个常数表现为该频率的稳定值，称为概率，用符号表示，记作 $P(A)$。

47. 什么是系统误差？产生系统误差主要有几个方面

系统误差是在一定的试验条件下，一种有规律的，重复出现的误差。在每次测定中，此种误差总是偏向某一个方向，其大小几乎是一个恒定的数值，所以系统误差也称作恒定误差。

在化学分析中产生这种误差的主要原因大体有如下几个方面：

（1）由于分析方法本身所造成的系统误差；

（2）由于使用的仪器不合乎规格而引起的系统误差；

（3）由于试剂或蒸馏水中含杂质所引起的系统误差；

（4）由于分析人员个人的习惯与偏向所引起的系统误差。

48. 什么是随机误差？随机误差有何规律

随机误差是在试验过程中由一些不定的、偶然的外因所引起的误差。它与系统误差不同，反映在几次同样的测定结果中，误差的数值有时大、有时小，有时正、有时负。

在同样条件下，对同一个样品中的某一组分进行足够多次的测量时，就不难看出随机误差的出现具有如下规律：

（1）正误差和负误差出现的概率大体相同，也就是产生同样大小的正误差和负误差的概率大体相同。

（2）较小的误差出现的概率大，较大的误差出现的概率小。

（3）很大的误差出现的概率极小。

经过长期的科学试验和理论分析，证明上述随机误差的规律性完全服从统计规律，因此可用数理统计方法来处理随机误差的问题。

49. 什么是重复性限和再现性限

《测量方法与结果的准确度（正确度与精密度）第 1 部分：总则与定义》（GB/T 6379.1）中给出了重复性限和再现性限的定义。

一个数值，在重复性条件下，两个测试结果的绝对差小于或等于次数的概率为 95%。重复性条件为由同一操作员使用相同的设备，按相同的测试方法，在短时间内对同一被测对象相互独立进行的测试条件。

一个数值，在再现性条件下，两个测试结果的绝对差小于或等于次数的概率为 95%。再现性条件为在不同的实验室，由不同的操作员使用不同设备，按相同的测试方法，对同一被测对象互相独立进行的测试条件。

50. 简述可疑数据的取舍——4d 检验法的步骤及适用范围

（1）步骤

① 将测得的一组数据，按大小顺序排列：x_1，x_2，…，x_n，其中 x_1 为可能出现的偏小数据，x_n 为可能出现的偏大数据。

② 假设 x_n 为可疑值，除去可疑数据后，将其余数据相加，计算算术平均值 $\overline{x}'$：

$$\overline{x}' = \frac{\sum_{i=1}^{n-1} x_i}{n-1}$$

式中　n——测量次数，即总的数据个数；

　　x_i——第 i 次的测量值。

③ 计算平均偏差 $\overline{d}$：

$$\overline{d} = \frac{\sum_{i=1}^{n-1} |x_i - \overline{x}'|}{n-1}$$

④ 计算可疑值与 $\overline{x}'$ 差的绝对值 D：

$$D = |可疑值 - \overline{x}'|$$

将计算得到的 D 值与 $\bar{d}$ 比较，D 大于 $\bar{d}$ 的 4 倍，即 $D>4\bar{d}$，则该可疑数据可放弃。

（2）适用范围

该法只适用于测量次数较多（$n>10$）的情况。

51. 简述可疑数据的取舍——Q 检验法的步骤及适用范围

（1）步骤

先将数据按大小顺序排列，计算最大值与最小值之差（极差）。

① 求出可疑值与其近邻值的差；

② 求 Q 值，其计算公式为

$$Q=\frac{|\text{可疑值}-\text{与可疑值最接近的值}|}{x_{\max}-x_{\min}}$$

式中 $x_{\max}$——最大值；

$x_{\min}$——最小值。

③ 将计算得到的 Q 值与 Q 检验临界值表（表 1-2）中查得的 $Q(n,\alpha)$ 值比较，若 $Q>Q(n,\alpha)$，则舍去该可疑值。

表 1-2 Q 检验临界值

显著性水平 α / 测定次数 n	0.10	0.05	0.01	0.005
3	0.886	0.941	0.988	0.997
4	0.679	0.765	0.889	0.926
5	0.557	0.642	0.780	0.821
6	0.482	0.560	0.698	0.740
7	0.434	0.507	0.637	0.680

显著性水平值，可以看成是由于舍去该可疑值而犯错误的概率，故 α 值选取应适当。如 α 取得太小，有可能使误差大的应该剔除的可疑数据被保留下来；如取得的数据太大，则有可能把不应该剔除的数据也舍去。在化学分析中，检验可疑值的取舍时，不管用哪种检验方法，通常取 $\alpha=0.01$；只有在分析方法很成熟或对测量结果要求较高时，对 α 值可选用 0.05 或 0.10。

（2）适用范围

Q 检验法只适用于测量次数较少（$n<10$）的情况下使用。

52. 什么是正交试验法

正交试验法也叫正交试验设计法，它是用“正交表”来安排和分析多因素试验的一种数理统计方法。这种方法的优点是试验次数少、效果好、方法简单，使用方便，效率高。在研究比较复杂的问题中，往往都包含着多种因素。我们把准备考察的有关影响试验指标的条件称为因素，例如配方中的组分。把在试验中准备考察的各种因素的不同状态称为水平，例如配方试验中某组分的不同含量（或比例）。为了寻求最优化的生产条件，就必须对各种因素以及各种因素的不同水平进行试验，这是多因素优选的问题。

53. 随机抽样方法分为哪几种

随机抽样方法分为以下 4 种：

（1）一般随机抽样法。这种方法就是通常所说的随机抽样法，之所以叫一般随机抽样法，就是指总体中的每个个体被抽到的机会是相同的，为实现抽样的随机化，可采用抽签（或抓阄）、查随机数值表或掷随机数骰子等办法。

（2）顺序抽样法。顺序抽样法又叫等距抽样法或机械抽样法。

（3）分层抽样法。分层抽样法也叫类型抽样法，它是从一个可以分成不同子总体（或称为层）的总体中，按规定的比例从不同层中随机抽取样品（个体）的方法。

（4）整群抽样法。整群抽样法又叫集团抽样法，就是在总体中，不是抽取个别样品，而是随机抽取整群的产品。

54. 如何用 Excel 数据分析工具进行抽样

基于 Excel 里的加载项“数据分析”进行，Excel 2007 需要在“Excel 选项”—“加载项”—“分析工具库”进行加载。

（1）打开存放需要抽样数据的 Excel 表格。

（2）选择“工具”—“数据分析”—“抽样”后，出现对话框，依次选择：

输入区域：把原始总体数据放在此区域中，数据类型不限，数值型或者文本型均可；抽样方法：有间隔和随机两种。

样本数：在此输入需要在输出列中显示需要随机抽取总体中数据的个数。每个数值是从输入区域中的随机位置上抽取出来的。请注意：任何数值都可以被多次抽取。所以在样本中的数据一般都会有重复现象，解决此问题有待于 Excel 软件的完善。目前我们使用“高级筛选”功能进行无重复数据筛选才可得出最终数据，所以抽样所得数据实际上有可能小于所需数量。请根据经验适当调整在数据样本选取时的数量设置，以使最终所得样本数量不少于所需数量。

输出区域：在此输入对输出表左上角单元格的引用。所有数据均将写在该单元格下方的单列里。如果选择的是“周期”，则输出表中数值的个数等于输入区域中数值的个数除以“间隔”。如果选择的是“随机”，则输出表中数值的个数等于“样本数”。

（3）然后单击“确定”就可以得到抽样结果。

55. 什么是回归分析和一元线性回归分析

回归分析是对具有因果关系的影响因素（自变量）和预测对象（因变量）所

进行的数理统计分析处理。只有当自变量与因变量确实存在某种关系时，建立的回归方程才有意义。因此，作为自变量的因素与作为因变量的预测对象是否有关，相关程度如何，以及判断这种相关程度的把握性多大，就成为进行回归分析必须要解决的问题。

在回归分析中，只包括一个自变量和一个因变量，且二者的关系可用一条直线近似表示，这种回归分析称为一元线性回归分析。一元线性回归预测是指成对的两个变量数据的散点图呈现出直线趋势时，采用最小二乘法，找到两者之间的经验公式，即一元线性回归预测模型，根据自变量的变化，来估计因变量变化的预测方法。

56. 一元线性回归分析的步骤

基于 Excel 2007 及以上版本做一元线性回归分析的步骤：

(1) 建立散点图：选择需要分析的数据，选择“插入”菜单，选中“散点图”，画出散点图。

(2) 添加趋势线：单击图形上的任意一个数据点，单击右键，选择“添加趋势线”。

(3) 回归分析：选择“线性”，单击“显示公式”“显示 R 平方值”，如果需要做预测，可以在“趋势预测”中输入需要“向前预测”或“向后预测”的周期。上述的内容输入完毕后，图表上显示的即回归方程及拟合优度判定系数 R 的平方值。

2 专业知识与技能

2.1 四级/中级工

2.1.1 四级生产过程控制检验部分

57. 如何用锥形四分法缩分样品

样品取来后，先进行破碎，而后倒在塑料布上，提起塑料布的任意对角来回抖动，然后抖动另一对角，如此反复数次，混合均匀后，将样品堆成圆锥形，用铁铲将锥顶压平，使之成为截面圆锥体，通过截面圆心把样品分成四等份，去掉任意对角的两等份，剩下的两等份再按上述方法继续缩分，直至达到样品量。

58. 试样分解的目的是什么？试样分解的方法有哪些

试样的分解目的是将固体试样处理成便于分离和测定的溶液，使试样分解完全，被测组分全部转入溶液，避免被测组分损失，也应避免从外界引入被测物质。

试样的分解方法有酸熔法和碱熔法两种，硅酸盐试样能否完全被酸所分解，取决于试样中二氧化硅与碱性氧化物含量之比，其比值越大，则越不容易被酸分解，反之碱性氧化物越高，则越容易被酸分解。分解硅酸盐常用的酸有盐酸、磷酸、氢氟酸、硝酸、高氯酸等。

59. 制备分析试样时应注意哪些问题

（1）采取的样品如果太湿，不便于破碎、研磨和过筛，可先进行烘干或风干。一般样品可在 105～110℃下烘干；易分解的样品，如石膏（$CaSO_4 \cdot 2H_2O$），应在 55～60℃烘干。

（2）在破碎、磨细样品前，每一件设备和用具，如药碾子、磨盘、颚板、铁锤、乳钵等均应刷净，或用样品投洗干净，不应有其他样品残留。

（3）破碎和粉磨试样时应尽量减少飞溅。

（4）过筛时，如有筛余，哪怕是一个很小的颗粒也不能弃去，直到全部通过 150μm 方孔筛为止。最后如果试样制备过程中带入的金属铁可能影响相关的化学特性的测定，用磁铁除去筛余物中的金属铁，保存备用。

60. 水泥化学分析对样品、仪器、设备有什么要求

（1）试样应具有代表性、均匀性，分析前试样应全部通过 150μm 方孔筛，试样应放于有磨口的玻璃瓶中。

（2）所有用于分析的滴定管、容量瓶、移液管必须进行校正。

（3）所有分析天平不得低于四级，并且天平要定期检定。

（4）化学分析用水应是蒸馏水或去离子水，所有化学试剂应是分析纯或优级纯，用于标定的试剂应为基准物质。

61. 分析天平使用时注意事项有哪些

（1）同一实验应使用同一天平。

（2）称量前后应检查天平是否完好，并保持天平清洁，若不慎在天平内洒落药品时，应立即清理干净，以免腐蚀天平。

（3）天平载重不得超过最大负荷，开启开关不能用力过猛，被称药品应放在洁净器皿中称量，挥发性、腐蚀性、吸潮性的物体必须放在密封加盖的容器中称量。

（4）不得把过热过冷的物体放到天平上称量，应在物体和天平室温度一致后进行称量。

（5）被称物体应放在天平秤盘中央。

（6）称量完毕，应及时取出被称物，关好天平门。

（7）搬动天平后应检验天平的性能。

（8）天平和砝码是国家规定的强制检定的计量器具，化验室使用的天平和砝码应定期（每年）请计量部门检定是否性能合格，执行检定的机构对检定合格的计量器具，应发给国家统一规定的检定证书，或者在计量器具上盖检定合格印章。

62. 什么是溶解度？什么是易溶、可溶、微溶和不溶物质

溶解度：在一定温度下，某物质在100g溶剂中达到饱和时所能溶解溶质的克数，称为该物质在该温度下的溶解度。

（1）易溶物质：在室温下溶解度在10g以上的物质。

（2）可溶物质：在室温下溶解度在1g以上、10g以下的物质。

（3）微溶物质：在室温下溶解度在1g以下、0.1g以上的物质。

（4）不溶物质：在室温下溶解度在0.01g以下的物质。

易溶、可溶、微溶和不溶物质是相对的，各种物质在不同的溶剂中的溶解度是不同的，溶剂变了，溶解度也随之改变。如碘在水中是难溶的，而在酒精中却是易溶的。

63. 什么叫氧化还原反应？什么叫氧化剂？什么叫还原剂

氧化还原反应是电子从某些原子或离子转移到另一些原子或离子的反应。也就是在反应过程中，有电子得失的反应。其本质是电子的得失或电子对的偏移。如：

$$Sn^{2+} + 2Fe^{3+} = Sn^{4+} + 2Fe^{2+}$$

反应中 Sn^{2+} 失去两个电子变成 Sn^{4+}，Fe^{3+} 得到一个电子变成 Fe^{2+}，物质化合价升高的过程（$Sn^{2+} \longrightarrow Sn^{4+}$）叫氧化，失去电子的物质（$Sn^{2+}$）叫还原剂。物质化合价降低的过程（$Fe^{3+} \longrightarrow Fe^{2+}$）叫还原，得到电子的物质（$Fe^{3+}$）叫氧化剂。

64. 什么叫滴定、理论终点、滴定终点、终点误差

（1）将标准滴定溶液从滴定管滴加到被测物质溶液中的过程叫滴定。

（2）在滴定中，当滴加的标准滴定溶液与被滴定组分按化学反应式的计量关系定量反应完全时，称为理论终点。

（3）在滴定过程中，指示剂发生颜色变化的转折点，称为滴定终点。

（4）由理论终点与滴定终点不完全相符而产生的误差叫滴定误差或终点误差。

65. 使用玻璃仪器时应注意哪些事项

（1）玻璃仪器用完后，要洗涤干净，放于干燥无尘处保存。

（2）用于加热的玻璃仪器应事先进行质量检查，不得有裂纹、水泡等，加热时应垫一石棉网逐渐升温，避免骤冷骤热。

（3）计量玻璃仪器（如量筒）不能加热或受热，也不能储存浓酸、浓碱或腐蚀性液体。

（4）不得将热溶液或热水倒入厚壁玻璃容器中。

（5）磨口玻璃仪器不得存放碱液，塞与口之间或活塞要拆散存放，塞与口不得干态转动。

（6）酸式滴定管和碱式滴定管不得混用。

66. 滴定管分哪几种？如何正确读取滴定管的读数

（1）常用的滴定管分为酸式滴定管和碱式滴定管两种，酸式滴定管用来盛装酸、氧化剂、还原剂等溶液，碱式滴定管用来盛碱溶液。另外还有带色的酸式滴定管用来盛装见光易分解的溶液。

（2）滴定管的读数方法：读数时，右手持滴定管的上部，让其自由下垂，人的视线应与滴定管的读取刻度处在同一平面上。普通滴定管盛装无色溶液时，应读取弯月面最低处的刻度值；滴定管盛装有色溶液时，读取最高液面的刻度值；有蓝线的滴定管弯月面能使蓝线变形，形成两个相遇的小尖端，此时应读取尖端处的刻度值。最小分度值是 0.1mL 的滴定管，读数应估读至 0.01mL。

67. 如何折叠和安放滤纸

折叠滤纸时，应先将手洗净，将圆形滤纸对折，然后将半圆滤纸对折，第二次对折时不要完全重叠，成 $2°\sim3°$ 的角，滤纸折叠好后，应在三层的滤纸折角处

撕去小角，将折好的滤纸张开较大的两层，使之成锥形，放入洗净的漏斗内；再用干净的手指按压滤纸，加入适量蒸馏水，并用手指轻轻排出滤纸和漏斗壁间的气泡，使滤纸紧贴在漏斗壁上；此时再加水到漏斗中，漏斗内应充满水而形成水柱，这样可以加快过滤速度，如不形成水柱，可用手指堵住下口，稍稍掀开滤纸一边，让漏斗颈内充满水，再轻轻压紧滤纸，松开手指看能否形成水柱，如还不能形成水柱，可能是漏斗内径太大，应更换漏斗。在重量分析中，一般选用直径60～70mm，颈长150mm左右，角度为60°，容易形成水柱和流速较快的长颈漏斗。

68. 测定空气干燥基灰分的注意事项

（1）要使用专用灰皿，灰皿内的煤样要铺平，不使局部过厚，一方面可避免使煤局部燃烧不完全，另一方面可防止底部煤样中硫化物生成的二氧化硫被上部碳酸盐分解生成的氧化钙固定。

（2）应采用慢速灰化法，使煤的硫化物中的硫在碳酸盐分解前就完全氧化排出，避免硫酸钙的生成。

（3）在规定的恒温（815±10)℃下灼烧，以保证碳酸盐的完全分解及二氧化碳的完全排出。

（4）灰化过程中要保持良好的通风状态，使二氧化硫一经生成即被排出，应将炉门开一小缝，使炉内空气自然流通。

69. 简述灼烧差减法测定水泥烧失量的操作过程

称取约1g试样，精确至0.0001g，放入已灼烧恒量的瓷坩埚中，盖上坩埚盖，并留有缝隙，放入高温炉内，从低温开始逐渐升高温度，在（950±25)℃下灼烧15～20min，取出坩埚，置于干燥器中冷却至室温，反复灼烧直至恒量或者在（950±25)℃下灼烧1h（有争议时，以反复灼烧直至恒量的结果为准），置于干燥器中冷却至室温后称量。

70. 物料水分如何测定？注意事项有哪些

（1）测定步骤

准确称量约50g样品，精确至0.1g。

用红外线干燥测定水分：置于已知质量的小盘内，放在250W红外灯下3cm处烘干10min左右（湿物料需烘干20～30min)，取下冷却后称量剩余质量。

用干燥箱测定水分：倒入小盘内，放于105～110℃的恒温控制干燥箱中烘干1h（水分大时适当延长烘干时间），取出冷却后称量剩余质量。

（2）注意事项

严禁冷物触灯，以防引起红外灯爆炸。烘干后冷却时间不宜过长，否则试样因吸收空气中的水分，易使测定结果偏低。石膏附着水分测定时烘干温度应为(45±3)℃，不得使用红外灯。大块样品应先破碎到直径2cm以下再测定。

71. 为什么要控制水泥细度

水泥的细度指的是水泥粉磨的程度。水泥越细，水化速度越快，水化越完全，对水泥胶凝性物质有效利用率就越高；水泥的强度，特别是早期强度也越高；还能改善水泥的泌水性、和易性、黏结力等。但是，水泥过细，比表面积过大，水泥浆体要达到同样的流动度，需水量就增加，将使硬化浆体因水分过多引起孔隙率增加而降低强度；同时水泥过细，水泥磨产量也会迅速下降，单位产品电耗成倍增加。所以，水泥细度应根据熟料质量、粉磨条件以及所生产的水泥品种、强度等级等因素来确定。

72. 水泥细度的检验方法有哪几种

《水泥细度检验方法 筛析法》（GB/T 1345—2005）规定了筛析法的三种细度检验方法：负压筛析法、水筛法、手工筛析法。三者测定结果发生争议时，以负压筛析法为准。

三种检验方法采用 45μm 和 80μm 方孔筛对水泥试样进行筛析试验，用筛余物的质量百分数来表示水泥样品的细度。

（1）负压筛析法　用负压筛析仪，通过负压源产生的恒定气流，在规定的筛析时间内使试验筛内的水泥达到筛分。

（2）水筛法　将试验筛放在水筛座上，用规定压力的水流，在规定时间内使试验筛内的水泥达到筛分。

（3）手工筛析法　将试验筛放在接料盘（底盘）上，用手工按照规定的拍打速度和转动角度，对水泥进行筛析试验。

73. 负压筛析法的注意事项有哪些

（1）筛析试验前，应把负压筛放在筛座上，盖上筛盖，接通电源，检查控制系统，调节负压至 4000～6000Pa 范围内。

（2）试验前要检查被测样品，水泥样品应充分拌匀，通过 0.9mm 的方孔筛，记录筛余物情况，不得受潮、结块或混有其他杂质。

（3）负压筛析仪工作时，应保持水平，避免外界振动和冲击。

（4）称取试样精确至 0.01g，置于洁净的负压筛中，放在筛座上，盖上筛盖，接通电源，开动筛析仪连续筛析 2min，在此期间如有试样附着在筛盖上，可轻轻地敲击筛盖使试样落下。筛毕，用天平称量全部筛余物。

（5）每做完一次筛析试验，应用毛刷清理一次筛网，其方法用毛刷在试验筛正、反两面刷几次，清理筛余物，但每个试验后在试验筛的正反面的清理次数应相同，否则会大大影响筛析结果。

（6）使用时间过长时应检查负压值是否正常，如不正常，可将吸尘器卸下，打开吸尘器将筒内灰尘和过滤布袋上附着的灰尘等清理干净，使负压恢复正常。

74. 水筛法检验细度应注意哪些事项

（1）水泥样品应充分拌匀，通过 0.9mm 的方孔筛，记录筛余物情况，要防止过筛时混进其他水泥。

（2）筛析试验前，应检查水中无泥、砂，调整好水压及水筛架的位置使其能正常运转，并控制喷头低面和筛网之间距离为 35～75mm。

（3）称取试样精确至 0.01g，置于洁净的水筛中，立即用淡水冲洗至大部分细粉通过后，放在水筛架上。

（4）冲洗压力必须控制在（0.05±0.02）MPa，冲洗时间为 3min。

（5）冲洗时试样在筛子内分布要均匀。

（6）水筛应保持洁净，定期检查校正。

（7）要防止喷头孔眼堵塞。

75. 手工筛析法检验细度应注意哪些事项

（1）水泥样品应充分拌匀，通过 0.9mm 的方孔筛，记录筛余物情况。

（2）手工筛要保持清洁、干燥，筛孔畅通。

（3）称取试样精确至 0.01g，倒入手工筛内。用一只手持筛往复摇动，另一只手轻轻拍打，往复摇动和轻轻拍打过程应保持近于水平。

（4）拍打速度每分钟约 120 次，每 40 次向同一方向转动 60°。

（5）试样要均匀分布在筛网上，直至每分钟通过的试样量不超过 0.03g 为止。

76. 用筛析法检验细度时对取样质量的要求是什么

《水泥细度检验方法 筛析法》（GB/T 1345—2005）规定：试验时，80μm 筛析试验称取试样 25g，45μm 筛析试验称取试样 10g。

77. 怎样确定试验用筛修正系数

试验用筛修正系数是用标准粉来测定的，测定时用试验筛筛析标准粉，测出标准粉在试验筛上的筛余。每个试验筛的标定应称取两个标准样品连续进行，中间不得插做其他样品试验。两个样品筛余结果的算术平均值为最终值，但当两个样品筛余结果相差大于 0.3%时，应称取第三个样品进行试验，并取接近的两个结果进行平均作为最终结果。

修正系数按下式计算：

$$C=\frac{F_n}{F_t}$$

式中 C——试验筛修正系数；

F_n——标准样品的筛余标准值，单位为质量百分数（%）；

F_t——标准样品在试验筛上的筛余值，单位为质量百分数（%）。

修正系数计算至 0.01。

当 C 值在 0.80～1.20 范围内时，试验筛可继续使用，C 可作为结果修正系数。

当 C 值超出 0.80～1.20 范围时，试验筛应予淘汰。

78. 已知数据，如何求试验筛的修正系数和水泥的实际细度

例： 已知标准样 80μm 方孔筛筛余百分数为 5.4%，标准样在试验筛上筛余百分数为 5.2%，求此试验筛的修正系数，用此试验筛筛得某编号水泥细度为 6.0%，求该编号水泥的实际细度（F_c）。

试验筛的修正系数：

$$C=\frac{F_n}{F_t}=\frac{5.4}{5.2}=1.04$$

该编号水泥实际细度：

$$F_c=C\times F=1.04\times 6.0\%=6.2\%$$

79. 怎样维护保养试验用筛

试验筛必须经常保持洁净，筛孔通畅，使用 10 次后要进行清洗。金属框筛、铜丝网筛清洗时应用专门的清洗剂，不可用弱酸浸泡。水筛法常用的筛可浸在水中保存，不常用的晾干后保存。为了经常校验试验筛，必须备用标准粉，或选用一只经检验符合要求的筛子作为校正用筛。使用筛子时应注意筛座一定要转动灵活。

80. 什么是表观分解率

表观分解率：入窑生料分解率加上入窑回灰分解率的总称。表观分解率高于入窑生料的分解率，因为其中含有部分分解的回灰。

计算公式如下：

$$L=\frac{L_1-L_2}{100-L_1}\times\frac{100}{L_1}\times 100$$

式中 L——入窑生料表观分解率（%）；

L_1——生料的烧失量（%）；

L_2——出预热器物料的烧失量（%）。

例： 生料烧失量为 35.33%，出预热器物料烧失量为 28.87%，求表观分解率。

$$L=\frac{35.33-28.87}{100-35.33}\times\frac{100}{35.33}\times 100=28.27\ (\%)$$

81. 试饼法检验水泥安定性时应注意哪些问题

(1)《水泥标准稠度用水量、凝结时间、安定性检验方法》（GB/T 1346—2011）中规定：若用试饼法，目测未发现裂缝，用直尺检查也没有弯曲的试饼为安定性合格，反之为不合格。

(2) 当两个试饼判别结果有矛盾时，该水泥的安定性为不合格。

(3) 煮后的安定性试饼，在用直尺检查不弯曲，肉眼观察无裂纹的前提下，仅有少量脱皮现象，应判安定性合格。

(4) 试饼沸煮前应检查并记录有无裂缝或弯曲现象；安定性试饼沸煮前的养护温度与湿度对试验结果关系很大。如养护温度太高（高于 25℃）或湿度不够，可能在沸煮前就使试饼发生收缩裂纹（这不能说试样安定性不合格）；如养护温度过低（低于 15℃），沸煮后可能产生脱皮现象。

(5) 用有效长度为 15cm 的平直钢板尺，垂直横放在试饼平面处，平视并变换试饼角度检查试饼弯曲否，裂纹用肉眼观察。

82. 在水泥生产检验中为什么要做水泥安定性试验

水泥安定性是检验水泥质量的重要品质指标之一。

在水泥凝结硬化过程中，或多或少会发生一些体积变化，如果这种变化是发生在水泥硬化之前，或者即使发生在硬化以后但很不显著，则对建筑物不会有什么影响，如果在水泥硬化后产生剧烈而不均匀的体积变化，即发生安定性不良，会使建筑物质量降低，甚至发生崩溃。因此，在水泥生产检验中，必须做水泥安定性试验。

83. 水泥安定性试饼煮沸后为何有时出现脱皮现象

试饼脱皮现象一般是由以下原因造成的：

(1) 试饼养护温度过低，湿度过大；

(2) 试饼养护时间短，水泥凝结慢、强度低；

(3) 水泥需水量大，成型时抹面次数过多；

(4) 水泥泌水性大，早期强度低；

(5) 矿渣中的惰性石英体过多或分布集中时，对表面脱皮的出现起着重要的作用。这种石英晶体主要来自矿渣，矿渣水淬的冷却速度不够理想时，都或多或少地含有石英晶体，由于它不会参与任何水化作用，就会随水分沿着水泥石的毛细孔移到试饼表层，分布在表层的氢氧化钙的饱和水膜中，随着碳化作用的发生和水分蒸发，就形成了由碳酸钙和石英晶体组成的表层结构。由于水膜的间隔作用和石英晶体惰性因素的影响，该表层结构与试体本体的联系很差，最后形成单独的皮层，即脱皮。

表面脱皮的水泥试饼并非意味着水泥的安定性不良，它对水泥的其他物理力学性能也无有害作用。

84. 简述离子交换法测定水泥中硫酸盐三氧化硫的操作过程

(1) 称取约 0.2g 试样，精确至 0.0001g，置于已放有 5g 树脂、10mL 热水及一根磁力搅拌子的 150mL 烧杯中，摇动烧杯使试样分散。

(2) 向烧杯中加入 40mL 沸水，置于磁力搅拌器上，加热搅拌 10min，取下，以快速滤纸过滤，用热水洗涤烧杯和滤纸上的树脂 4～5 次，滤液及洗液收集于已放有 2g 树脂及一根磁力搅拌子的 150mL 烧杯中（此时溶液体积在 100mL 左右）。将烧杯再置于磁力搅拌器上，搅拌 3min。取下，以快速滤纸将溶液过滤于 300mL 烧杯中，用热水洗涤烧杯和滤纸上的树脂 5～6 次。

(3) 向溶液中加入 5～6 滴酚酞指示剂溶液（10g/L），用氢氧化钠标准滴定溶液（0.06mol/L）滴定至微红色。

(4) 保存滤纸上的树脂，可以回收处理后再利用。

85. 离子交换法测定硫酸盐三氧化硫的原理以及操作注意事项是什么

(1) 离子交换法测定硫酸盐三氧化硫的原理

硅酸盐水泥的主要矿物是硅酸三钙、硅酸二钙、铝酸三钙、铁铝酸四钙和少量石膏，其中硅酸三钙、硅酸二钙在离子交换过程中容易水化成氢氧化钙，一部分氢氧化钙将石膏经离子交换产生的硫酸中和，又生成硫酸钙，氢氧化钙中和硫酸生成的硫酸钙继续与树脂进行交换反应，直至树脂的交换容量接近饱和，此后由于硅酸三钙继续水化生成氢氧化钙，经第一次交换得到含有硫酸钙和氢氧化钙溶液，将水泥残渣及已经失效的树脂滤除后，重新加入树脂进行第二次交换，使被提取到溶液中的硫酸钙转化成硫酸，并将氢氧化钙全部中和，经二次交换，生成等物质的量的硫酸，然后滤去树脂，以酚酞为指示剂，以氢氧化钠标准滴定溶液对滤液中的硫酸进行滴定，终点为微红色。

(2) 操作注意事项

① 如果试样中添加了复合矿化剂，或使用氟石膏、磷石膏、盐田石膏等工业副产品石膏作调凝剂，则其中的氟化物、氯化物、磷酸盐等同阳离子交换树脂发生交换反应，也会生成相应的氢氟酸、盐酸和磷酸，因而给三氧化硫的测定造成相当大的误差，故离子交换法只适用于天然二水石膏和天然硬石膏以及工业脱水石膏中硫酸盐三氧化硫的测定，而不适用于含氟、磷、氯以及可被交换的其他盐类试样。

② 所有强酸性树脂必须为氢型，而不能含有其他的盐型树脂（如钠型），否则产生的硫酸钠为中性盐，滴定时不与氢氧化钠反应，从而导致测定结果偏低，为避免掺杂其他盐型树脂，处理再生树脂时不应使用静态法，而使用动态法。

③ 树脂中游离酸的影响：树脂久置后往往会游离出酸，为消除游离酸的影响，将处理好的树脂储存于塑料瓶中保存，用之前将树脂放于漏斗上，以快速滤纸过滤，以热水冲洗几遍，将游离酸洗净。测定时应同时进行空白试验，对测定结果进行校正。

86. X 射线荧光检测时粉末压片的主要步骤是什么

样品应首先进行粉磨，为防止样品黏磨和改善粉末压片质量，可使用不超过 3%的黏合剂。称取试样，精确至 0.1g。试样的量应能够填满模具，并适当过量。研磨至合适的细度，必要时可添加黏合剂，将磨细试样置于压片模具中，铺平。以一定的速率和时间压片，确保压片表面光洁、无杂物、不开裂。

常用的黏合剂有硼酸、纤维素、淀粉、石蜡、硬脂酸等。

最佳的压片时间和压力大小，应从试验中获得。

87. 简述水泥组分检测中不溶渣的测定步骤

（1）硝酸溶液选择溶解后不溶渣含量的测定

① 预先处理恒量的玻璃砂芯漏斗：先用毛刷和水洗涤干净（必要时用热的稀盐酸和水抽滤洗涤干净，并垫一层润湿的快速滤纸），然后在（105±5）℃干燥箱中烘干至恒量，在干燥器中冷却至室温并称量。

② 称取（0.5000±0.0200）g 试样，精确至 0.0001g，置于 200mL 的烧杯中，加入 80mL 水，放入一根搅拌子。将烧杯置于水泥组分测定装置上，控制温度在（20±2）℃，搅拌 5min，使试料完全分散。然后，加入 50mL 已在（20±2）℃水中恒温的硝酸（1+5），继续搅拌 30min 取下。立即用恒量的玻璃砂芯漏斗或垫有一层快速滤纸的玻璃砂芯漏斗抽气过滤。用镊子取出搅拌子并用水洗净，将不溶渣全部转移至玻璃砂芯漏斗上，用水洗涤不溶渣 6～7 次，再用乙醇洗涤 2 次（洗涤液总量约 80mL）。将垫有滤纸的玻璃砂芯漏斗和不溶渣放入（105±5）℃烘箱中，烘干 40min 以上。取出后置于干燥器中冷却至室温，称量。如此反复烘干，直至恒量。

（2）EDTA 溶液选择溶解后不溶渣含量的测定

① 酸度计的校准：分别用磷酸盐 pH 标准缓冲溶液与硼酸盐 pH 标准缓冲溶液校准酸度计。

② 预先处理恒量的玻璃砂芯漏斗：先用毛刷和水洗涤干净（必要时用热的稀盐酸和水抽滤洗涤干净，并垫一层润湿的快速滤纸），然后在（105±5）℃干燥箱中烘干至恒量，在干燥器中冷却至室温并称量。

③ 取 50mL EDTA 溶液、10mL 三乙醇胺（1+2）、120mL 水，依次加入至 250mL 烧杯中。在酸度计指示下用氢氧化钠溶液（50g/L）调整溶液的 pH 至 11.60±0.05。放入一根搅拌子，将烧杯置于水泥组分测定装置上，使溶液保持在（20±2）℃，边搅拌边向溶液中加入（0.3000±0.0100）g 试样，精确至 0.0001g。加入试样后开始计时，继续搅拌 30min 取下。

立即用恒量的玻璃砂芯漏斗抽气过滤：用镊子取出搅拌子并用水洗净，将不溶渣全部转移至玻璃砂芯漏斗上，用水洗涤不溶渣 7～8 次，再用乙醇洗涤 2 次（洗涤液总量约 10mL）。

将垫有滤纸的玻璃砂芯漏斗和不溶渣放入（105±5）℃烘箱中，烘干 45min 以上，取出后置于干燥器中冷却至室温，称量。如此反复烘干，直至恒量。

88. 如何区别水泥的假凝和快凝现象

假凝的特征：水泥和水拌和后，几分钟内就发生凝固，且没有明显的温度上升现象，但是无须加水，把已凝固的水泥浆重新搅拌便恢复塑性，仍可浇筑施工，并以通常的形式凝结，对强度影响不大。

快凝的特征：水泥和水后浆体很快凝结成为一种很粗糙的、和易性差的混合物，并在大量放热的情况下很快凝固。这种水泥用于砂浆和混凝土使施工发生困难，又显著地降低了砂浆和混凝土的强度。

89. 怎样保证熟料 f-CaO 测定的准确性

（1）取样要有代表性；

（2）试样必须全部通过 150μm 方孔筛；

（3）称样要准确，读数要仔细；

（4）所用容器要干燥，试剂应是无水的；

（5）沸煮时温度不宜太高，微沸即可；

（6）沸煮要充分。

90. 出磨生料的控制指标是什么

（1）①KH 或 LSF：控制值±0.02 或控制值±2；②N：目标值±0.10；③P：目标值±0.10；

（2）CaO（T_{CaCO_3}）：控制值±0.3%（±0.5%）；

（3）Fe_2O_3：控制值±0.2%；

（4）80μm 筛余：控制值±2.0%；0.2mm 筛余：≤2.0%；

（5）水分：≤1.0%。

91. 回转窑出窑熟料的控制指标是什么

（1）f-CaO：≤1.5%；≤3.0%（白水泥）；≤1.0%（中热水泥）；≤1.2%（低热水泥）；

（2）立升重：控制值±75g/L；

（3）28d 抗压强度：≥50MPa；

（4）KH：控制值±0.02；N：控制值±0.1；P：控制值±0.1。

92. X 射线荧光粉末压片时的注意事项有哪些

（1）所用钢环不要变形，如发生变形，则应弃去。

（2）每次倒入模具中的试样量要大体相同。过少，则样片很难压实；过多，则压制不成与钢环上表面在同一水平面上的均匀样片。一般钢环内径 33mm 时，称取试样量应大于 7g。

（3）压成的样片要表面光洁，无凹陷，无裂纹，否则应弃去重压。

93. 为什么要控制入磨物料水分

（1）保证配料的准确性，减少生料成分的波动。

（2）提高磨机产量。由于入磨物料水分大，使磨内水蒸气增多，产生“糊磨”“糊球”现象，使粉磨效率下降或堵塞隔仓板，阻碍物料通过，造成“闷磨”。

（3）入磨物料水分过大会影响收尘设备的使用。

所以严格控制入磨物料的水分是提高磨机产量、质量的重要措施。

94. 为什么要控制入磨物料粒度

控制入磨物料粒度，可以提高磨机的粉磨效率，增加磨机的产量，加强物料的均化，减少出磨物料成分的波动。

95. 为什么要控制生料细度

熟料矿物靠固相反应、烧结反应而形成，在原料性质、均化程度、煅烧温度和时间相同的条件下，固相反应的速度与生料细度有关，生料越细，反应速度越快，反应越易进行完全，这是因为生料越细，其表面积越大，物料的界面缺陷增多，物质的分子处于不稳定状态，自由能增大，故易于参加反应。

在实际生产中，生料粉磨过细，会降低磨机的产量，增加电耗，对提高熟料质量效果并不明显，经济不合理。因此，应根据生产情况，确定一个合理的细度控制范围。

96. 混合材掺入量是如何确定的

混合材掺入量取决于水泥品种、强度等级、熟料质量、混合材种类及活性以及水泥细度等因素。混合材加入较多时，一般都使水泥强度降低尤其是早期强度。加入活性低的混合材，强度下降更为明显，当熟料质量较好，水泥强度等级要求不高，而混合材活性高，水泥粉磨较细时，混合材可适当多掺些；反之，应少掺些。实践证明，同时掺用两种混合材比单独掺一种混合材为好，如矿渣水泥掺入少量火山灰质混合材，能改善矿渣水泥混凝土的和易性和泌水性。又如火山灰质水泥中掺入少量矿渣，能明显提高其强度等。

合理的混合材掺加量，应通过不同混合材掺加量的小磨试验来确定。

97. 测定水泥中硫酸盐三氧化硫的目的是什么

测定水泥中硫酸盐三氧化硫的含量，主要用来控制石膏的加入量。因为水泥中石膏加入量的多少，直接影响到水泥的凝结时间、强度和安定性。所以，控制水泥的石膏掺入量，具有非常重要的意义。

98. 什么是率值配料？为什么要采用率值配料

利用现代化学分析仪器，快速测定水泥原料的多种化学成分，按工艺要求的率值进行及时调控，配制生料的过程称为率值配料。率值配料可以与计量加料设备微机控制系统联网，实现生料配料系统的在线控制。

采用率值配料的主要目的是保证生料中四种化学成分之间的合适比例，这个比例又是用三个率值来表征的，因此，率值可以决定生料的易烧性和水泥熟料的质量。实施率值配料，能够提高出磨生料合格率，稳定生料成分，保证煅烧的熟料质量，全面提升水泥企业生产过程现代化和科学管理水平。

99. 何为助磨剂？有什么作用

在粉磨过程中，能帮助提高粉磨效率、磨机产量和质量的外加剂称为助磨剂。

磨内研磨体和衬板表面往往要黏附一些物料细粉，对粉磨起缓冲作用，使粉磨效率降低。然而在磨内添加少量的有机物可以消除黏附现象，防止细粉的聚结，加速物料裂纹的扩展，起到节约高产的作用。国家标准规定，在水泥粉磨过程中，允许加入助磨剂，加入量不得大于水泥质量的0.5%。

100. 用于X射线荧光分析的样品制备方法主要有哪几种

用于X射线分析的样品制备方法主要有两种：粉末压片法和熔融法。

粉末压片法是将样品磨成粉，然后压成硬片。

熔融方法是在高温下样品在硼酸盐中融化后而成为玻璃片。

101. 天平的精度是如何划分的

我国采用的是相对精度分类法，分析天平能准确称量的最小质量称为分度值，天平的分度值与最大称量之比称为相对精度，以相对精度来划分精度级别，共分10级，见表2-1。

一级天平精度最好，十级最差，常用的电子分析天平的最大称量200g，分度值0.1mg，其精度为：$0.0001/200 = 5\times10^{-7}$，为3级分析天平。

表2-1　天平精度级别、相对精度对照表

精度级别	1	2	3	4	5
相对精度	1×10^{-7}	2×10^{-7}	5×10^{-7}	1×10^{-6}	2×10^{-6}
精度级别	6	7	8	9	10
相对精度	5×10^{-6}	1×10^{-5}	2×10^{-5}	5×10^{-5}	1×10^{-4}

102. X射线荧光分析制样方法的依据是什么

（1）样品制备的时间；

（2）经济性；

（3）消除颗粒效应；

（4）消除矿物效应；

（5）消除元素间效应。

103. X射线荧光分析制样采用粉末压片法有什么优点

（1）制样速度快，一般15min内完成；

（2）操作非常简单；

（3）制样费用低，约为熔融方法的 1/10。

104. X 射线荧光分析制样采用熔融方法有什么优缺点

（1）优点

① 消除了矿物效应；

② 消除了表面效应；

③ 分析的准确性好；

④ 标准样片保存时间较长；

⑤ 对待测样品适应性强。

（2）缺点

① 制样时间较长；

② 制样成本较高；

③ 制样和分析计算较麻烦。

105. 水泥元素在线分析仪原理

水泥元素在线分析仪采用中子活化瞬发 γ 分析（PGNAA）技术。慢化后的热中子照射水泥物料，物料中各元素原子核与中子发生热中子俘获反应，放射出不同能量的特征 γ 射线，通过检测特征 γ 射线的能量辨识物料中元素种类，通过检测特定能量 γ 射线的强度得出元素含量。可用于在线检测石灰石矿或磨前生料混合料中各成分含量，实时计算各质量参数，控制生产过程。

106. 制作熟料分析熔片时如何准确称取熟料和硼酸锂的质量

例：某熟料的烧失量为 0.50%，用硼酸锂做熔剂，硼酸锂的烧失量为 1.50%，要求的稀释比为 1∶5，要获得一质量为 15g 的分析熔片，问应称取熟料和硼酸锂各多少 g?

解：设需称取熟料 xg，硼酸锂 yg，根据题意：

$$\begin{cases}\dfrac{x(1-0.005)}{x(1-0.005)+y(1-0.015)}=\dfrac{1}{5}\\ x(1-0.005)+y(1-0.015)=15\end{cases}$$

解此方程组得：

$x=3.0151$（g）

$y=12.1827$（g）

答：应称取熟料 3.0151g，称取硼酸锂 12.1827g。

107. 化学分析中常用的滤纸分哪几种

化学分析中常用的滤纸分为定量滤纸和定性滤纸两种。定量滤纸经盐酸和氢氟酸处理，灰分很小，又称为无灰滤纸，用于定量分析；定性滤纸灰分较多，供一般定性分析和分离混合物使用。根据滤速可分为快速、中速、慢速三种。国产滤纸分类见表 2-2。

表 2-2 国产滤纸分类表

编号	102	103	105	120
类别	定量滤纸			
灰分	0.02mg/张			
滤速（s/100mL）	60～100	100～160	160～200	200～240
滤纸区别	快速	中速	慢速	慢速
盒上颜色	白色	蓝色	红色	橙色
编号	127	209	211	214
类别	定性滤纸			
灰分	0.2mg/张			
滤速（s/100mL）	60～100	100～160	160～200	200～240
滤纸区别	快速	中速	慢速	慢速
盒上颜色	白色	蓝色	红色	橙色

定量滤纸又分为以下几种：

（1）快速定量滤纸：纸张结构疏松，过滤速度最快，适用于分离粗度沉淀物，如氢氧化铁等。

（2）中速定量滤纸：纸张结构较紧密，过滤速度适中，适用于分离中等细度沉淀物，如氟硅酸钾沉淀、二氧化硅沉淀等。

（3）慢速定量滤纸：纸张结构紧密，过滤速度最慢，适用于分离较细沉淀物，如硫酸钡沉淀等。

108. 在相同的粉磨条件下，影响水泥粉磨细度的主要因素是什么

在相同的粉磨条件下，影响水泥粉磨细度的主要因素有熟料的易磨性、混合材的易磨性及掺加量等。一般来讲，C_3S 含量高的熟料易磨，C_2S 含量高的熟料难磨。混合材中火山灰、粉煤灰易磨，矿渣难磨。

109. 何为荧光

当紫外光照射到某些物质表面时，这些物质发射出各种颜色和不同强度的可见光，而当紫外光停止照射时，这种光线也随之很快消去，这种光线称为荧光。

110. 何为X光荧光

有些物质吸收了比紫外光波长短得多的 X 射线后，发出波长比所吸收的 X 射线的波长稍长的射线（称二次 X 光荧光），这种 X 射线称为 X 光荧光。

111. X荧光分析有什么优缺点

（1）X荧光分析优点

① 可定性、可定量分析样品；

② 荧光分析简便易行，甚至可以不加试剂进行分析；

③ 荧光分析法谱线简单，快速准确，重现性好；

④ 取样容易，试样需要量少；

⑤ 测定元素多，可测含量范围大；

⑥ 对样品状态适应性强，能直接分析固体、粉末和料浆样品。

（2）X荧光分析缺点

① 有许多物质不会发生荧光，尤其是有许多无机盐不可见光范围内发生荧光。

② 干扰因素比较多，如溶剂、温度、溶液 pH 值和放置时间等，这些在测定时都应加以控制。

112. X射线荧光分析熔融制片法产生误差的因素有哪些

（1）熔融温度不够，制成的试样片不透明，有气泡，表明熔化、分解和化学反应不完全，不能获得均一的、无矿物效应的试样片。

（2）熔融温度或熔融时间不一致。熔融温度过高或熔融时间过长，会使熔剂过多地挥发，导致试样片中被测元素的浓度增高。

（3）熔剂的性质。熔剂中总有一些水分或易挥发物质，各批熔剂中其含量不尽相同。每备一批新的熔剂后，要用其熔融制备1～2个标准试样片，与该标准试样的原熔片进行对比分析。如强度变化不大，可仍用该系列标准试样的原来一套熔片制备的工作曲线；如强度变化较大，则需用新熔剂重新熔融制备系列标准试样片，并重新制作各元素的工作曲线。

（4）试样片表面光洁度。试样片的表面可能吸收和遮蔽初级、次级X射线束。分析线的波长越长，对试样片表面光洁度的要求也越高，并且要求待测试样和标准试样片的表面光洁度尽可能相同。

（5）试样的烧失量。烧失量越高的试样，在熔融后制成的试样片中各元素的浓度就越低。水泥熟料或水泥试样的烧失量一般都不大，而且当生产工艺过程稳定时，其烧失量的变化也不大，由于烧失量的变化而引起的误差可以忽略，故熔融制片法比较适用于水泥熟料或水泥试样。水泥生料的烧失量很大，烧失量的变化也较大，故生产控制中一般对生料不采用熔融法而采用粉末压片法制备分析用试样片。

113. 什么是颗粒效应

颗粒效应是指样品粉末颗粒粒度、颗粒分布、颗粒形状以及颗粒内部不均匀性引起的物理效应。比如，石灰石、黏土、铁粉原料硬度的不同会导致水泥生料粉末颗粒大小的差异；而且磨制过程中会有某些颗粒表面产生电荷，这种颗粒又会被其他颗粒优先围绕，这样，有效体积中受X射线辐照的含待测元素的颗粒数量就不相等。同时，被包裹在中间的颗粒受一次辐射时以及它发出的荧光X射线都会受到填充在它周围颗粒的各种影响。在这种情况下，即使待测样品中的元素含量不变，其分析线的强度也已经发生了变化。实验证明，这种颗粒效应对SiO_2、CaO的测定结果影响较大。就样品类别而言，窑灰比生料更为严重。消除的方法通常是充分粉磨或熔融。

114. 什么是元素间效应

元素间效应确切地说就是元素间的吸收-增强效应。它是指某元素的荧光X射线不仅依赖于本身的含量，而且还依赖于试样中存在的其他元素或基体元素的性质和含量。

基体元素对分析线强度的影响可由下式加以说明：

$$I=\frac{KC}{A+(1-A)\cdot C}$$

$$A=\frac{\mu_M}{\mu_x}$$

式中 I——被测定元素的荧光X射线强度；

C——被测定元素的荧光X射线含量（%）；

K——常数；

μ_M，μ_x——分别为被测元素和基体元素对一次X射线的总质量吸收系数。

若$A=1$，元素的荧光X射线强度I和含量C之间保持线性关系；

若$A\neq1$，则呈非线性倾向。当$A>1$时，引起负偏差，即吸收效应；当$A<1$时，引起正偏差，即“负”吸收效应，或称作表现增强效应，因此分析线强度的增加，仅仅是由于基体吸收较低的缘故。

实际上，真正的增强效应，是因为基体元素的一条或几条荧光谱线的波长短于被测元素的吸收限，也即被测元素不仅受到一次辐射的激发，而且还受到基体元素荧光射线的再次激发，致使结果偏高。

115. 为什么通过每种元素发出的X射线可进行定性分析

每种元素的特征X射线可进行定性分析，依据如下公式：

$$\frac{1}{\lambda}=K(Z-\sigma)^2$$

式中 λ——波长（Å）；

Z——元素序数；

K——莫塞莱常数；

σ——屏蔽常数。

由此可见，Z与λ之间一一对应，因此通过特征Z射线光谱波长的测定，可进行定性分析。

2.1.2 四级分析检验部分

116. 矿物原料的水分分哪几种形态

矿物原料的水分，一般以附着水和化合水两种形态存在。

附着水不是物质固有的组成部分，通常存在于固体物质的表面和孔隙中，形成很薄的薄膜。

化合水则是物质的组成部分之一，在物质的组成中占有一定的比例。化合水包括结晶水和结构水两种形态。结晶水是以水分子（H_2O）的形态存在于物质的晶格中，如石膏（$CaSO_4 \cdot 2H_2O$）等。一般矿物原料的结晶水的结合能力并不是很强，通常在400℃以下加热即可除去。结构水是以化合状态的氢或氢氧基的形式存在于物质的晶格中，并结合得相当牢固。失去结构水所需的温度与各物质的结构有关，一般需加热至300～1300℃才能分解放出水分。

117. 实验室用水级别、制备与贮存方法

（1）级别

分析实验室用水分三个级别：一级水、二级水和三级水。

一级水用于有严格要求的分析试验，包括对颗粒有要求的试验。如高效液相色谱分析用水。

二级水用于无机痕量分析等试验，如原子吸收光谱分析用水。

三级水用于一般化学分析试验。

（2）制备

一级水可用二级水经过石英设备蒸馏或离子交换混合床处理后，再经0.2μm微孔滤膜过滤来制取。

二级水可用多次蒸馏或离子交换等方法制取。

三级水可用蒸馏或离子交换等方法制取。

（3）贮存

各级用水均使用密闭的、专用聚乙烯容器。三级水也可使用密闭、专用的玻璃容器。

新容器在使用前需用盐酸溶液（质量分数为20%）浸泡2～3d，再用待测水反复冲洗，并注满待测水浸泡6h以上。

各级用水在贮存期间，其受到沾污的主要来源是容器可溶成分的溶解、空气中二氧化碳和其他杂质。因此，一级水不可贮存，使用前制备。二级水、三级水可适量制备，分别贮存在预先经同级水清洗过的相应容器中。

118. pH试纸的使用方法和注意事项

化学分析中常用pH试纸来检验溶液的酸碱度。国产的pH试纸分为广范围

pH 试纸和精密 pH 试纸。广范围 pH 试纸 pH 变色范围有 1～10、1～12、1～14、9～14 等规格，显色反应间隔为 1 个 pH 单位。精密 pH 试纸 pH 变色范围较窄，显色反应间隔为 0.2 或 0.5 个 pH 单位。

（1）使用方法

① 检验溶液的酸碱度。取一小块试纸放在表面皿或玻璃片上，用洁净干燥的玻璃棒蘸取待测溶液点滴于试纸的中部，观察变化稳定后的颜色，与标准比色卡对比，判断溶液的性质。

② 检验气体的酸碱性。先用蒸馏水把试纸润湿，黏在玻璃棒的一端，再送到盛有待测气体的容器口附近，观察颜色的变化，判断气体的性质（试纸不能触及器壁）。

（2）注意事项

① pH 试纸必须在常温下使用。

② pH 试纸不能测浓硫酸的 pH 值。

③ 测定溶液的 pH 值时，pH 试纸不可事先用蒸馏水润湿，不可直接伸入溶液，不可接触试管口、瓶口、导管口等。

④ 打开试纸包装后，应将盛放试纸的容器盖严，以免被实验室的一些气体沾污。

119. 分析用纯水质量如何检定

分析用纯水质量检定方法：

（1）电阻率。25℃时的电阻率小于 $1\times10^{6}\Omega\cdot cm$ 的水为纯水。25℃时的电阻率大于 $1\times10^{6}\Omega\cdot cm$ 的水为超纯水。

（2）酸碱度要求。pH 值为 6.5～7.0。取 2 支试管，各加 10mL 被检的水，一管加 2 滴甲基红指示剂，不得显红色；另一管加 5 滴溴百里酚蓝指示剂（0.01g/L），不得显蓝色。

（3）钙镁离子。取 10mL 被检的水，加氨-氯化铵缓冲溶液（pH＝10），使溶液 pH 至 10，加入少量固体酸性铬蓝 K-奈酚绿 B 混合指示剂（1＋2.5），不应显紫色，而应显纯蓝色。或取 200mL 被检的水，加氨-氯化铵缓冲溶液（pH＝10）10mL，加入少量固体酸性铬蓝 K-奈酚绿 B 混合指示剂（1＋2.5），搅拌，如呈紫色，用 0.015mol/L 的 EDTA 标准滴定溶液滴定，如 EDTA 消耗为 1 滴（约为 0.05mL），则合格；2 滴以上为不合格。1～2 滴时，测定应将水空白扣除。

（4）氯离子检验。取 10mL 被检的水，加 2 滴硝酸酸化，加 2 滴硝酸银溶液（10g/L）不浑浊。

120. 玻璃量器有哪几种

玻璃量器主要有吸管（移液管）、容量瓶和滴定管。

（1）吸管

一般用于准确量取小体积的溶液。吸管主要分为两类。

一类是无分度吸管，通称移液管。将溶液吸入管内，使液面与标线相切，再按一定规则放出，则放出的溶液的体积就等于管上所表示的容积。常用移液管的容积有1mL、2.5mL、10mL、25mL、50mL、100mL等。由于标线部分管径细小，其准确度较高，缺点是只能用于量取某一定容积的溶液。

吸管的型式、规格及使用方法列于表2-3中。

表2-3 吸管的型式、规格及使用方法

型式		级别	标称容量（mL）	使用方法
完全流出式	慢流式	A、A_2及B级	1、2、5、10、25、50	液体自标线流至管下口，A级、A_2级等待15s，B级等待3s（流液口要保留残液）
	快流式	B级	1、2、5、10	
	吹出式		0.1、0.2、0.25、0.5、1、2、5、10	液体自动流至管下端，随即将残液全部吹出
不完全流出式		A、A_2及B级	0.1、0.2、0.25、0.5	液体自标线流至最低标线上约5mm处，A级、A2级等待15s，B级等待3s，然后调至最低标线

另一类是分度吸管，又叫吸量管，可以准确量取标线范围内所需要的任一容积的溶液，但准确度稍微差一些。将溶液吸入，读取与液面相切的标线，然后将溶液放出至适当标线，两标线读数之差，即为放出溶液的体积。

需特别注意的是，使用非吹出式的吸管（系大多数实验室中所采用）时，将管尖部与烧杯内壁接触，待溶液流至管尖部后等待一定时间后，垂直向上移走吸管，切勿把残留在管尖的溶液吹入烧杯内，因为制造厂在标定容积时，是不把残留液体计算在所标定的容积之内的。

（2）容量瓶

容量瓶是一种细颈梨形的平底瓶，具磨口玻璃塞或塑料塞，瓶颈上刻有环形标线。瓶上标有它的容积和标定的温度，当液体充满至弯月面底部与标线相切时，瓶内所装液体的体积和瓶上表示的容积相同。常用的容量有50mL、100mL、250mL、500mL、1000mL等多种规格。容量瓶主要用来把精密称量的物质准确地配制成一定容积的溶液，或将准确容积的浓溶液稀释成准确容积的稀溶液，这种过程通常称为定容。

加水至标线后，盖上塞子，一手的食指压住瓶塞，另一手的拇、中、食三根指头托住瓶底（不要用手掌托住，以防溶液受热体积产生膨胀），倒转容量瓶，使瓶内气泡上升至顶部，摇动数次，再倒过来，如此反复倒转摇动15～20次（容积大的多摇几次），使溶液充分混合均匀。

（3）滴定管

滴定管是滴定时用来准确测量流出的标准滴定溶液体积的量器。一种是酸式滴定管，另一种是碱式滴定管。

酸式滴定管用来装酸性及氧化性溶液，但不适于装碱性溶液，因为碱性溶液能腐蚀玻璃，放置时间过长，旋塞便不能转动。碱式滴定管的一端连接一橡皮管，管内装有玻璃珠，以控制溶液的流出（此玻璃珠的大小要适中：过大，滴定时溶液的流出比较困难；过小，溶液会漏出），橡皮管下面接一尖嘴玻璃管。碱式滴定管用来装碱性及无氧性溶液，凡是能与橡皮起反应的溶液，如高锰酸钾、碘和硝酸银等溶液，都不能装入碱式滴定管。滴定管除无色的外，还有棕色的，用以装见光分解的溶液，如 $AgNO_3$、$KMnO_4$ 等溶液。

121. 使用滴定管和烧杯及三角瓶时的操作要点是什么

（1）使用酸式滴定管时，左手拇指在管前，中指和食指在管后，三指轻轻拿住活塞。转动时，中指和食指稍微弯曲，轻轻向内扣住，防止活塞被拉出。

（2）使用碱式滴定管时，左手拇指在管前，食指在管后，捏住橡皮管装玻璃珠稍偏右的地方，无名指和小指（或中指和无名指）夹住出口管，使其垂直而不摇动。拇指和食指向右挤压橡皮管，这时玻璃珠旁边形成隙缝，溶液顺隙缝流下。滴定时要注意，不要移动玻璃珠，也不要使下端玻璃嘴摆动，更不要捏玻璃珠以下的橡皮管，以免空气进入尖嘴部分。

（3）在烧杯内进行滴定时，滴定管应置于烧杯中心左后方，管口深入烧杯约1cm，右手持玻璃棒在烧杯的右前方搅拌。搅拌时不要划杯壁，也不要敲打杯壁。近终点时，用洗瓶冲洗烧杯内壁，再慢慢滴定至终点。

（4）在三角瓶中滴定时，右手拇指在前，中指和食指在后，拿住瓶颈，以同一方向做圆周运动，随摇随滴。在整个滴定过程中，左手不能离开滴定管，任其自流。近终点时，用洗瓶绕圈冲洗瓶的内壁，以便将摇动时溅在瓶壁上的溶液洗下，然后慢慢滴定至终点。

122. 石膏水分的测定温度及方法

石膏水分的测定包括附着水和结晶水的测定。

（1）附着水。国家标准规定，测定石膏和硬石膏附着水的温度为（45±3)℃，若超过此温度，石膏（$CaSO_4 \cdot 2H_2O$）的结晶水将有部分分解，造成误差。

（2）结晶水。国家标准规定，测定石膏和硬石膏结晶水的温度为（230±5)℃。石膏结晶水的含量是计算石膏和硬石膏品位的重要依据，若测定温度过高，将导致石膏和硬石膏（特别是含杂质较多的石膏和硬石膏）结晶水的测定结果偏高，从而引起其品位的计算值相应偏高。

（3）说明

① 有些石膏的附着水含量很高，如工业副产石膏，采用收到基样品测定附

着水；化学分析试样采用测定附着水后的试样或在（45±3）℃烘干至恒量后的试样。

② 如果试样不潮湿，如天然石膏，可以研磨后直接用于化学分析，同时进行附着水的测定。测定附着水后的试料可直接用于结晶水的测定，也可以另称一份试样测定结晶水，但应扣除附着水的结果。这样得到的化学分析测定结果为收到基结果。

123. 化学分析中所使用的溶液分为哪几类

（1）普通溶液：由固体和液体试剂配制的对浓度要求不是很高的溶液。如指示剂溶液、缓冲溶液、掩蔽剂溶液等。

（2）标准滴定溶液：确定了准确浓度，用于滴定分析的溶液。如 EDTA 标准滴定溶液、氢氧化钠标准滴定溶液。

（3）标准溶液：由用于制备溶液的物质而准确知道某种元素、离子、化合物或基团浓度的溶液。如测定氧化钾、氧化钠时使用的氧化钾、氧化钠标准溶液。

（4）基准溶液：由基准物质制备或用多种方法标定过的溶液。如标定EDTA标准滴定溶液所使用的碳酸钙基准溶液。

（5）标准比对溶液：指准确知道或已规定有关特性（如色度、浊度）的溶液，用来评价与该特性有关的试验溶液，如标准比色溶液。

124. 标准滴定溶液的有效期如何规定

（1）《化学试剂　标准滴定溶液的制备》（GB/T 601—2016）

① 除另有规定外，标准滴定溶液在 10～30℃，密封保存时间一般不超过 6 个月；碘标准滴定溶液、亚硝酸钠标准滴定溶液［$c(NaNO_2)$=0.1mol/L］密封保存时间为 4 个月；高氯酸标准滴定溶液、氢氧化钾-乙醇标准滴定溶液、硫酸铁（Ⅲ）铵标准滴定溶液密封保存时间为 2 个月。超过保存时间的标准滴定溶液进行复标定后可以继续使用。

② 标准滴定溶液在 10～30℃下，开封使用过的标准滴定溶液保存时间一般不超过 2 个月（倾出溶液后立即盖紧）；碘标准滴定溶液、氢氧化钾-乙醇标准滴定溶液一般不超过 1 个月；亚硝酸钠标准滴定溶液［$c(NaNO_2)$＝0.1mol/L］一般不超过 15d；高氯酸标准滴定溶液开封后当天使用。

③ 当标准滴定溶液出现浑浊、沉淀、颜色变化等现象时，应重新制备。

（2）《水泥化学分析方法》（GB/T 176—2017）

除另有说明外，标准滴定溶液的有效期为 3 个月，如果超过 3 个月，重新进行标定。

125. 常用化学试剂的规格与适应范围

常用化学试剂的规格按其所含杂质多少可分为如下几级，如表 2-4 所示。

表 2-4 常用化学试剂规格与适用范围

等级	名称	符号	标签标识	适用范围
一级品	优级纯（保证试剂）	G. R	绿色	纯度很高，适用于精密分析和科研工作
二级品	分析纯（分析试剂）	A. R	红色	纯度仅次于一级品，适用于多数分析工作和科研工作
三级品	化学纯	C. P	蓝色	纯度次于二级品，适用于一般分析工作
四级品	实验试剂	L. R	棕色或其他颜色	纯度较适用于实验辅助试剂

此外，还有光谱试剂、基准试剂、高纯试剂等，光谱纯试剂的杂质含量用光谱分析法已经测不出来或者杂质含量低于某一限度。该纯度试剂主要用来作为光谱分析中的标准物质。基准试剂的纯度相当于或高于优级纯试剂，基准试剂可作为滴定分析中的基准物质，或直接配制标准滴定溶液。

126. 简述化学试剂的使用方法

（1）熟悉常用化学试剂的性质，如常用酸碱的浓度，试剂在水中的溶解度，试剂的毒性和化学性质等。

（2）对于化学性质不稳定的试剂（如 0.1％硝酸银溶液），要保存在棕色瓶中。

（3）要注意保护试剂瓶的标签，因其标有试剂的名称、规格、质量、浓度等，如果脱落要照原样封好，配制的试剂应立即贴上标签，不可在瓶中盛装与标签标明物质不同的试剂，无标签试剂可取小样检定，不能用的要慎重处理，不能乱倒。

（4）不可用鼻子对准试剂瓶口嗅闻有气味的试剂，应将瓶口远离鼻子，用手在试剂瓶口上方扇动，使气流吹向自己而闻其味。

（5）为避免试剂受沾染，使用固体试剂时，应用干净的牛角勺或钢勺从试剂瓶中取出试剂，如试剂结块，可用洁净的粗玻璃棒将其捣碎后取出。使用液体试剂时可用洁净的量筒量取，取出的多余试剂不可再倒回原试剂瓶。

（6）打开易挥发的试剂瓶塞时，不得把瓶塞对准脸部或他人。在夏季由于室温高，试剂瓶易冲出气液，要把试剂瓶用冷水浸一段时间，再打开瓶塞，打开时要在瓶塞处盖上湿毛巾。取完试剂要及时盖好瓶塞，不可换错瓶塞。

127. 溶液比例浓度和百分浓度的表示与计算方法如何？分别举例加以说明

（1）比例浓度（体积比浓度）

比例浓度（V_1+V_2）是指以液体溶质（体积 V_1）与溶剂（体积 V_2）相混合得到的溶液浓度。常用于浓溶液配制成稀溶液，此种方式用于表示普通溶液浓度。如盐酸溶液（1+5），即表示是由 1 体积的浓盐酸与 5 体积的水混合而成。配制此种浓度的溶液，其计算方法如下：

如：欲配制 V（mL）浓度为（V_1+V_2）的溶液，则量取浓溶液的体积 V_0 的计算见下式：

$$V_0=\frac{V_1}{V_1+V_2}V$$

例：欲配制 2000mL 盐酸溶液（1+4）的溶液，则量取多少 mL 浓盐酸？

解：需量取浓盐酸的体积数 V_0：

$$V_0=\frac{1}{1+4}\times 2000=400(\text{mL})$$

即将 400mL 浓盐酸与 1600mL 水混合，制得 2000mL 盐酸溶液（1+4）。

（2）百分浓度

百分浓度是指将溶液按体积或质量分成 100 等份，用其中溶质所占的份数所表示的一种浓度，用百分数表示（%）。有下列两种表示方法：

① 体积百分比浓度：以溶质（液体）在溶液中所占的体积百分数表示的浓度，如乙醇溶液［95%（V/V）］，即表示每 100mL 这种溶液中含乙醇 95mL。

② 质量百分比浓度：以溶质在溶液中所占的质量百分数表示的浓度。如市售的浓盐酸其浓度为 37%（m/m），即表示每 100g 这种溶液中含氯化氢 37g。

128. 举例说明，在化学分析中，如何表示极稀溶液的浓度

在化学分析中，对于一些极稀的溶液的浓度，还常以 ppm 或 ppb 表示。

ppm 是以 100 万份质量的溶液中所含溶质的质量份数表示的浓度。百万分之一，就称为 1ppm。其表达式为：

$$x(\text{ppm})=\frac{\text{溶质质量(g)}}{\text{溶液质量(g)}}\times 10^6$$

例如，在 1g 溶液中含有 2×10^{-6} g 溶质，用 ppm 浓度表示，即为 2ppm：

$$x(\text{ppm})=\frac{2\times10^{-6}}{1}\times 10^6=2$$

反之，如已知某溶液浓度为 2ppm，则在 1g 溶液中所含溶质的质量为：

溶质质量（g）$=x(\text{ppm})\times$溶质质量（g）$\times10^{-6}=2\times1\times10^{-6}=2\times10^{-6}$ g

常用的 ppm 表示方式为 1×10^{-6} g/g，或 1μg/g。因为极稀的水溶液其密度极近似为 1g/cm^3，故可用溶液的体积（mL）代替溶液的质量（g）。这样，常用的 ppm 表示方式即为近似 1μg/mL，或 1×10^{-6} g/mL。

类似地，ppb 是以 10 亿份质量的溶液中所含溶质的质量份数表示的浓度，1ppb≈1×10^{-9} g/mL。

129. 什么是缓冲溶液？缓冲溶液由什么组成

在弱酸及其盐溶液中，或在弱碱及其盐溶液中，加入少量强酸或强碱，或者用少量水稀释，溶液中的［H^+］或［OH^-］不发生显著变化。这种具有能抵抗少量强酸、强碱或稀释，保持溶液酸度或 pH 值基本不变的功能的溶液，称为缓冲溶液。

缓冲溶液通常是由弱酸及其盐（例如 HAc 和 NaAc），弱碱及其盐（例如 $NH_3 \cdot H_2O$ 和 NH_4Cl）以及不同碱度的酸式盐（例如 NaH_2PO_4 和 Na_2HPO_4 或 $NaHCO_3$ 和 Na_2CO_3）等的水溶液所组成。

130. 简述乙二醇法测定游离氧化钙的操作方法

称取 0.5g 试样，精确至 0.0001g，置于 250mL 干燥的锥形瓶中，加入 30mL 乙二醇-无水乙醇（2＋1）溶液，放入一根干燥的搅拌子，装上冷凝管，置于游离氧化钙测定仪上，以适当的速度搅拌溶液，同时升温并加热煮沸，当冷凝下的乙醇开始连续滴下时，继续在搅拌下加热微沸 5min，取下锥形瓶，立即用苯甲酸-无水乙醇标准滴定溶液（0.1mol/L）滴定至微红色消失即为终点。根据所消耗的苯甲酸-无水乙醇标准滴定溶液的体积和其对游离氧化钙的滴定度，即可计算出试样中游离氧化钙的含量。

131. 简述氯化铵重量法测定水泥中的二氧化硅的操作过程

（1）胶凝性二氧化硅的测定

称取约 0.5g 试样，精确至 0.0001g，置于铂坩埚中，盖上坩埚盖，并留有缝隙，在 950～1000℃灼烧 5min，出移坩埚冷却。加入 0.30～0.32g 已磨细的无水碳酸钠，用细玻璃棒仔细压碎块状物并搅拌均匀，把黏附在玻璃上的试料全部刷回坩埚内，再将坩埚置于 950～1000℃灼烧 10min，取出坩埚冷却。

将烧结块移入 150～200mL 瓷蒸发皿中，加入少量水润湿，盖上表面皿，从皿口慢慢加入 5mL 盐酸及 2～3 滴硝酸，待反应停止后取下表面皿，用平头玻璃棒压碎块状物质使其充分分解，用热盐酸（1＋1）清洗坩埚数次，洗液合并于蒸发皿中。将蒸发皿置于蒸汽水浴上，皿上放一玻璃三脚架，再盖上表面皿。蒸发至糊状后，加入 1g 氯化铵，搅拌，在蒸汽水浴上蒸发至干后继续蒸发 10～15min，滤液及洗液收集于 250mL 容量瓶中。

在沉淀物上加入 3 滴硫酸（1＋4），然后将沉淀物连同滤纸一并移入铂坩埚中，盖上坩埚盖，并留有缝隙，在电炉上灰化完全后，放入（1175±25)℃或 950～1000℃的高温炉内灼烧 1h［有争议时，以（1175±25)℃灼烧的结果为准］，取出坩埚，置于干燥器中冷却至室温，称量，反复灼烧直至恒量。

向坩埚中慢慢加入数滴水润湿沉淀，加入 3 滴硫酸（1＋4）和 10mL 氢氟酸，放入通风橱内的电炉上低温加热，蒸发至干，升高温度继续加热至三氧化硫白烟冒尽。将坩埚放入 950～1000℃的高温炉内灼烧 30min，取出坩埚，置于干燥器中冷却至室温，称量，反复灼烧直至恒量。

(2) 可溶性二氧化硅的测定

向上述经过氢氟酸处理后得到的残渣中加入 0.5～1g 焦硫酸钾（将市售的焦硫酸钾在蒸发皿中加热熔化，加热至无气泡产生，冷却并压碎熔融物，储存于密封瓶中），加热至暗红，熔融至杂质被分解。熔块用热水和 3～5mL 盐酸（1+1）转移到 150mL 烧杯中，加热微沸使熔块全部溶解，冷却后，将溶液合并入分离二氧化硅后得到的滤液和洗液中，用水稀释至刻度，摇匀。从中吸取 25.00mL 溶液放入 100mL 容量瓶中，加水稀释至 40mL，依次加入 5mL 盐酸（1+10）、8mL 乙醇（体积分数 95%）、6mL 钼酸铵溶液（50g/L），摇匀。放置 30min 后，加入 20mL 盐酸（1+1）、5mL 抗坏血酸（5g/L），用水稀释至刻度，摇匀。常温下放置 1h 后，用分光光度计，10nm 比色皿，以水作参比，于波长 660nm 处测定溶液的吸光度，在工作曲线上求出二氧化硅的含量。

132. 简述氟硅酸钾容量法测定水泥中二氧化硅的操作过程

称取约 0.5g 试样，精确至 0.0001g，置于银坩埚中，加入 6～7g 氢氧化钠，盖上坩埚盖（留有缝隙），放入高温炉中，从低温升起，在 650～700℃的高温下熔融 20min，其间取出充分摇动 1 次。取出冷却，将坩埚放入已盛有约 100mL 沸水的 300mL 烧杯中，盖上表面皿，在电炉上适当加热，待熔块完全浸出后，取出坩埚，用水冲洗坩埚和盖。边搅拌边一次加入 25～30mL 盐酸，再加入 1mL 硝酸，用热盐酸（1+5）洗净坩埚和盖。将溶液加热微沸约 1min，冷却至室温后，移入 250mL 容量瓶中，用水稀释至刻度，摇匀。

吸取 50.00mL 溶液，放入 300mL 塑料杯中，加入 15mL 硝酸，搅拌，冷却至 30℃以下。加入氯化钾，仔细搅拌、压碎大颗粒氯化钾至饱和并有少量氯化钾析出，然后加入约 2g 氯化钾和 10mL 氟化钾溶液（150g/L），仔细搅拌、压碎大颗粒氯化钾，使其完全饱和，并有少量氯化钾析出（此时搅拌，溶液应该比较浑浊，如氯化钾析出量不够，应再补充加入氯化钾，但氯化钾的析出量不宜过多），在 10～26℃下放置 15～20min，其间搅拌 1 次。用中速滤纸过滤，先过滤溶液，固体氯化钾和沉淀物留在杯底，溶液滤完后用氯化钾溶液（50g/L）洗涤塑料烧杯及沉淀物，洗涤过程中使固体氯化钾溶解，洗涤总量不超过 25mL。将滤纸连同沉淀物取下，置于原塑料杯中，沿杯壁加入 10mL 氯化钾-乙醇溶液（50g/L）及 1mL 酚酞指示剂（10g/L），将滤纸展开，用氢氧化钠标准滴定溶液（0.15mol/L）中和未洗尽的酸，仔细搅动、挤压滤纸并随之擦洗杯壁直至溶液呈红色（过滤、洗涤、中和残余酸的操作应迅速，以防止氟硅酸钾沉淀的水解）。向杯中加入约 200mL 沸水（煮沸后用氢氧化钠标准滴定溶液中和至酚酞呈微红色的沸水），用氢氧化钠标准滴定溶液（0.15mol/L）滴定至为微红色。

133. 简述氢氧化钠熔样-EDTA 滴定法测定水泥中氧化钙的操作过程

从试样溶液中吸取 25.00mL 溶液放入 300mL 烧杯中，加入 7mL 氟化钾溶液（20g/L），搅匀并放置 2min 以上。然后加水稀释至约 200mL。加入 5mL 三乙醇胺（1＋2）及适量的 CMP 混合指示剂，在搅拌下加入氢氧化钾溶液（200g/L）至出现绿色荧光后再过量 5～8mL，用 EDTA 标准滴定溶液（0.015mol/L）滴定至绿色荧光完全消失并呈现红色。

134. 简述 EDTA 滴定差减法测定水泥中氧化镁的操作过程

（1）一氧化锰含量≤0.5%时，氧化镁的测定

从试样溶液中吸取 25.00mL 溶液放入 300mL 烧杯中，加水稀释至 200mL，加入 1mL 酒石酸钾钠（100g/L），搅拌，然后加入 5mL 三乙醇胺（1＋2），搅拌。加入 25mL pH10 缓冲溶液及适量的酸性铬蓝 K-萘酚绿 B 混合指示剂，用 EDTA 标准滴定溶液（0.015mol/L）滴定，近终点时应缓慢滴定至纯蓝色，滴定体积为钙、镁总量。

（2）一氧化锰含量＞0.5%时，氧化镁的测定

除将三乙醇胺（1＋2）的加入量改为 10mL，并在滴定前加入 0.5～1g 盐酸羟胺外，其余分析步骤按上述（1）进行，滴定体积为钙、镁、锰总量。

135. 简述 EDTA 直接滴定法测定水泥中三氧化二铁的操作过程

从试样溶液中吸取 25.00mL 溶液放入 300mL 烧杯中，加水稀释至 100mL，用氨水（1＋1）和盐酸（1＋1）调节溶液至 pH1.8（用精密 pH 试纸）。将溶液加热至约 70℃，加入 10 滴磺基水杨酸钠指示剂（100g/L），用 EDTA 标准滴定溶液（0.015mol/L）缓慢地滴定至亮黄色（终点时溶液温度应不低于 60℃，如终点前溶液温度降至近 60℃时，应再加热至 65～70℃）。

136. 简述直接滴定法测定水泥中三氧化二铝的操作过程

将测定完的铁溶液加水稀释至约 200mL，加入 1～2 滴溴酚蓝指示剂溶液（2g/L），滴加氨水（1＋1）至溶液出现蓝紫色，再滴加盐酸（1＋1）至黄色。加入 15mL pH3.0 的缓冲溶液，加热煮沸并保持微沸 1min，加入 10 滴 EDTA-铜溶液及 2～3 滴 PAN 指示剂溶液（2g/L），用 EDTA 标准滴定溶液（0.015mol/L）滴定至红色消失。继续煮沸，滴定，直至溶液经煮沸后红色不再出现并呈稳定的亮黄色为止。

137. 简述硫酸铜返滴定法测定水泥中三氧化二铝的操作过程

将测定完铁的溶液中加入 EDTA 标准滴定溶液（0.015mol/L）至过量 10.00～15.00mL（对铝、钛合量而言），加水稀释至 150～200mL。将溶液加热至 70～80℃后，在搅拌下滴加氨水（1＋1）至溶液的 pH 值在 3.0～3.5 之间（用精密 pH 试纸检验），加入 15mL pH4.3 的缓冲溶液，加热煮沸并保持微沸 1～2min，加入 4～5 滴 PAN 指示剂（2g/L），用硫酸铜标准滴定溶液（0.015mol/L）滴定至亮紫色。如果滴定时消耗硫酸铜标准滴定溶液的体积小于

10mL，增加 EDTA 标准滴定溶液的加入量重新试验。

138. 简述硫酸钡重量法测定水泥中硫酸盐三氧化硫的操作过程

称取约 0.5g 试样，精确至 0.0001g，置于 200mL 烧杯中，加入 40mL 水，搅拌使试样完全分散，在搅拌下加入 10mL 盐酸（1+1），用平头玻璃棒压碎块状物，加热煮沸并保持微沸 5～10min。用中速滤纸过滤，用热水洗涤 10～12 次，滤液及洗液收集于 400mL 烧杯中。加水稀释至约 250mL，玻璃棒底部压一小片定量滤纸，盖上表面皿，加热煮沸，在煮沸下从杯口缓慢逐滴加入 10mL 热的氯化钡溶液（100g/L），继续微沸数分钟使沉淀良好地形成，然后在常温下静置 12～24h 或温热处至少 4h（有争议时，以常温下静置 12～24h 的结果为准），溶液的体积应保持在约 200mL。用慢速定量滤纸过滤，用热水洗涤，用胶头擦棒和定量滤纸片擦洗烧杯及玻璃棒，洗涤至检验无氯离子为止。将沉淀及滤纸一并移入已灼烧恒量的瓷坩埚中，灰化完全后，放入 800～950℃的高温炉内灼烧 30min 以上，取出坩埚，置于干燥器中冷却至室温，称量，反复灼烧直至恒量或者在 800～950℃下灼烧 30min（有争议时，以反复灼烧直至恒量的结果为准），置于干燥器中冷却至室温后称量。

139. 如何计算直接滴定法结果？举例说明

计算的依据为：滴定至化学计量点时，标准滴定溶液中滴定剂的物质的量等于被测组分的物质的量，即：$n_b = n_x$，由于在硅酸盐分析中被测组分多以固体形式存在，所以被测组分的物质的量的计算见下式：

$$c_b V_b = 1000 \times \frac{m_x}{M_x}$$

或

$$m_x = \frac{c_b V_b M_x}{1000}$$

被测组分在试样中的百分含量的计算见下式：

$$x = \frac{m_x}{m} \times 100$$

所以

$$x = \frac{c_b V_b M_x}{1000 \times m} \times 100$$

如果吸取试样溶液的 $1/P$ 进行滴定，则上式应乘以 P：

$$x = \frac{c_b V_b M_x \times P}{1000 \times m} \times 100$$

式中 c_b、V_b——标准滴定溶液的物质的量浓度（mol/L）和体积（mL）；
m_x——被测物质的质量（g）；
M_x——被测物质的摩尔质量（g/mol）；
m——试样的质量（g）。

例：称取 0.5001g 水泥生料试样，用氢氧化钠熔融，盐酸分解后，制成 250mL 试样溶液，从中分取 50mL，用氟硅酸钾容量法测定其中的二氧化硅，已知氢氧化钠标准滴定溶液的浓度为 0.1614mol/L，滴定时消耗 5.30mL，求该水泥生料试样中二氧化硅的质量分数。

解：此反应中二氧化硅的基本单元为（$1/4SiO_2$），由题意知试样的质量为 0.5001g；分取 $P=250/50=5$；c（NaOH）$=0.1614$mol/L；V（NaOH）$=$ 5.30mL；M（SiO_2）$=60.08$g/mol。

则：

$$x_{SiO_2}=\frac{c(NaOH)V(NaOH)M(1/4SiO_2)\times P}{m\times 1000}$$

$$=\frac{0.1614\times 5.30\times(1/4\times 60.08)\times 5}{0.5001\times 1000}\times 100$$

$$=12.85$$

也可先求出该氢氧化钠标准滴定溶液对 SiO_2 的滴定度：

$$T_{SiO_2/NaOH}=c(NaOH)M(1/4SiO_2)$$

$$=0.1614\times 60.08/4$$

$$=2.4242\ (mg/mL)$$

再计算二氧化硅：

$$x_{SiO_2}=\frac{T_{SiO_2/NaOH}V(NaOH)\times P}{m\times 1000}$$

$$=\frac{2.4242\times 5.30\times 5}{0.5001\times 1000}\times 100$$

$$=12.85$$

140. 全分析总结果如何加和

（1）重要的水泥原料、水泥生料、水泥熟料及水泥试样的全分析中，总结果一般应在（100±0.50）%范围内，有时可以放宽到（100±0.70）%，一般不应超过±1%。在进行要求比较高的分析时，对总结果进行加和，可以根据上述规定的总结果范围，判定主要成分的分析结果是否存在较大的误差。

如总结果远低于 100%，则表明有某种主要成分未被测定；如主要成分均已测定，某成分的分析结果可能存在较大的偏低因素；如总结果远高于 100%，则表明某种成分的测定结果可能存在较大的偏高因素，应先从主要成分（如硅酸盐试样中的硅或钙）查找；也可能是在加和总结果时将某些成分的结果重复相加。

（2）注意不要重复相加

如试样已有烧失量、SiO_2、Fe_2O_3、Al_2O_3、TiO_2、CaO、MgO、SO_3（总）、K_2O、Na_2O、F 的结果，注意不要加和下述成分的结果：

① f-CaO（已包含在 CaO 结果中）；

② CaF_2（已包含在 CaO、F 结果中）；

③ 不溶物（已包含在 SiO_2、Al_2O_3 等结果中）；

④ 硫化物（已包含在总 SO_3 结果中）。

（3）注意含特殊成分的试样

硅酸盐试样的分析结果通常以氧化物的质量百分数报出，这在大多数情况下是可行的。但是如含有特殊成分，该成分在试样中不是以含氧酸盐的形式存在，则以氧化物的形式报出结果时，往往人为地多配了氧而使结果偏高。例如：

① 硫化物如 CaS，无论是 Ca 还是 S 都未形成含氧酸盐（如 $CaSO_4$）。如果也将其结果以 CaO、SO_3形式分别报出，则总结果中就人为地多配了氧。硫化物含量高时，会造成较大的误差，应另外测定硫化物，不要未加注明而混入总 SO_3 结果中；还要根据硫化物硫的含量，以其值的 1.75 倍（＝氧化钙摩尔质量值 56/硫的摩尔质量值 32）从全分析的 CaO 的结果中予以扣除，得出含氧酸盐中 CaO 的含量。此时再往总结果中加和 CaS 的质量百分数，则可校正人为配入的氧造成的误差。铜矿渣 Cu_2S 情况类似。

② 氟化钙加和时应先从配位滴定测得的总 CaO 结果中，扣除氟含量的 1.474 倍，再加和 CaF_2结果（F 亦不能再加和）。

③ 低氧化物如 FeO，如以 Fe_2O_3 形式报出结果，也多配入了氧。必要时亦应校正。

141. 什么叫商品煤样？在何处采取商品煤样

商品煤样是用来确定供给用户的煤平均质量的煤样。根据商品煤样的化验结果，即可了解外运或收到煤的质量，并以此作为计价的依据。

商品煤样可在煤流中、运输工具（火车、汽车、船舶）及煤堆上采取。采取方式可采用人工采取和煤炭机械化采样。

142. 如何在煤堆上取样？子样如何分布？数目是多少

煤堆上的采样点，应根据煤堆的不同堆形，均匀地布置在顶、腰、底部位上（底在距地面 0.5m 处）。采取时，先剥去 0.2m 的表层煤，然后按规定的子样数目进行采样。

143. 使用二分器缩分煤样，应注意哪些问题

（1）使用前要仔细检查二分器格槽宽度是否与煤样粒度相称，如格槽太宽，则同样长度下的格槽数减少，缩分出的煤样中所含子样数目也相应减少，从而难以达到较高的精密度；而格槽太窄，又容易出现煤样颗粒“搭桥”现象，使格槽阻塞。煤样外在水分越高，阻塞越严重。二分器格槽开口尺寸至少为试样标称最大粒度的 3 倍，但不能小于 5mm，格槽对水平面的倾斜度至少为 60°。此时既能有效避免格槽阻塞，又能保证缩分精密度。

（2）检查二分器的各格槽宽度是否一致，若不一致，需要进行调整。

（3）给二分器入料时，摆动幅度要在二分器长度范围内，入料要均匀，速度不能过快，以免格槽上面积样，并且样流要经过格槽的中心位置，不要超前或靠后，以使煤样进入两边样斗的质量近乎相等。

（4）煤样水分较高时，要不时地振动二分器，以免阻塞。

（5）缩分完煤样，要仔细检查二分器各格槽，并将其打扫干净。

144. 刚磨制成的一般分析基煤样为什么不能立即装瓶

刚磨制的粒度小于0.2mm的一般分析基煤样，不能立即装瓶。因为，这时煤样的水分还未与周围环境湿度达到平衡，一方面会使试样难以称准，另一方面会使称好的试样失水或吸水，而影响某些成分（如氢）测定结果的准确度和精密度。因此，刚磨制的煤样应在空气中放置一段时间，让其与周围环境的湿度达到平衡，即达到空气干燥状态后再装瓶。装瓶时应注意，装煤量不要超过样瓶容量的3/4，以利充分搅拌，保证称取试样的代表性。但对标准煤样，则需装满瓶，以减少瓶内残留的空气，保证煤质稳定。

145. 什么是煤的工业分析？其中包括哪些项目

工业分析也叫技术分析或实用分析。煤的工业分析是了解煤质特性的主要指标，也是评价煤质的基本依据。根据工业分析各项测定结果，可初步判断煤的性质、种类和各种煤的加工利用效果及其工业用途。

按照《煤的工业分析方法》（GB/T 212—2008）规定，煤的工业分析是水分、灰分、挥发分、固定碳四个煤炭分析项目的总称。

146. 煤的工业分析中“基”的含义是什么？ad、d、daf、dmmf、ar分别代表什么基

“基”是指煤炭所处的状态，在分析结果的表达中，用基来表示某煤炭参数的测定结果是煤炭处于什么状态下的测定结果。

ad、d、daf、dmmf、ar的含义如下：

（1）ad——空气干燥基：以与大气湿度达到平衡状态的煤为基准；

（2）d——干燥基：以假想无水状态的煤为基准；

（3）daf——干燥无灰基：以假想的无水、无灰状态的煤为基准；

（4）dmmf——干燥无矿物质基：以假想的无水、无矿物质状态的煤为基准；

（5）ar——收到基：以收到状态的煤为基准。

147. 煤炭分析结果表示符号M_t、Q_b、$S_{t,ad}$、$Q_{gr,d}$、$Q_{net,ar}$、$Q_{gr,maf}$、V_{daf}的含义分别是什么

（1）M_t——全水分；

（2）Q_b——弹筒发热量；

（3）$S_{t,ad}$——空气干燥基全硫；

（4）$Q_{gr,d}$——干基高位发热量；

（5）$Q_{net,ar}$——收到基低位发热量；

（6）$Q_{gr,maf}$——含水无灰基高位发热量；

（7）V_{daf}——干燥无灰基挥发分。

148. 煤中水按其结合状态分为哪两类？水泥用煤测定的水分包括哪些

根据水在煤中存在的形态，分为游离水和化合水。游离水是以物理吸附的方式存在于煤中的；化合水是以化合方式同煤中的矿物质结合的水，也叫结晶水。结晶水需在200℃以上才能分解放出。煤的工业分析测定的水分是游离水，不包括结晶水。

水泥用煤只测定全水分、应用煤水分和分析煤样水分。全水分是指进厂煤的水分，应用煤水分是指在生产过程中使用的煤的水分，分析煤样水分是进行煤工业分析时，所测定的空气干燥基煤样水分。

149. 什么是煤的全水分？煤的全水分测定中应注意哪些问题

（1）全水分是煤的外在水分和内在水分的总和。它代表刚开采出来，或使用单位刚接收到，或即将投入使用状态下的煤的水分。

（2）在实际水泥生产用煤中，煤的全水分测定的关键问题是保证原来煤样的水分既没有损失也没有增加，即从制样到测试前的全过程中煤样水分没有变化，因此必须注意以下几点：

① 采集用于全水分测定的煤样应保存在密封良好的容器内，并放置在阴凉处；

② 制样操作要迅速，最好用密封式破碎机；

③ 测定全水分的煤样送化验室后应立即进行测定，以免水分发生变化；

④ 烘干箱的恒温温度要精确，须带有鼓风装置；

⑤ 试样的烘干时间要按规定严格控制，不得长时间烘样，因煤样容易氧化增重使测定结果偏低。

150. 煤中水分测定要点是什么

（1）煤样的粒度。测定进厂煤全水分时，取进厂煤，粒度要破碎至13mm以下；测定收到基煤样水分时，取生产过程中使用的煤，粒度破碎至6mm以下；测定空气干燥基煤样水分，粒度应在0.2mm以下。

（2）盛放试料的容器要按规定使用。测定全水分，使用薄铁板或铝板制成的容器。试料摊平后，试样量大约0.8g/cm^2，不可过厚或过薄。测定空气干燥基水分，要使用矮型玻璃称量瓶，直径40mm、高25mm，带磨口塞。

（3）加热温度要严格控制。

（4）加热时间要严格控制。

（5）加热时一定要一直鼓风，使烘箱中的水蒸气及时排至箱外，以免水蒸气在试样内外达到平衡，影响水分自试样表面排出，使水分测定结果偏低。

(6) 注意加热后的试样在空气中的冷却方式。

151. 影响灰分测定的主要因素有哪些？如何获得可靠的灰分测定结果

(1) 造成灰分测定误差的主要因素有三个：黄铁矿氧化程度、碳酸盐（主要是方解石）的分解程度、灰中固定的硫的多少。

(2) 获得可靠的灰分测定结果可采取以下措施：

① 采用缓慢灰化法，使煤中硫化物在碳酸盐分解前就完全氧化并排出，避免硫酸钙的生成；

② 灰化过程中始终保持良好的通风状态，使硫氧化物一经生成就及时排出；

③ 煤样在灰皿中要平铺，避免局部过厚，一方面避免燃烧不完全，另一方面可防止底部煤样中硫化物生成的二氧化硫被上部碳酸盐分解生成氧化钙固定；

④ 在足够高（>800℃）的温度下燃烧足够长的时间，以保证碳酸盐完全分解及二氧化碳完全驱出。

152. 什么是煤的灰分？什么是煤的矿物质？两者之间有什么联系和区别

(1) 煤的灰分是煤在规定条件下完全燃烧后的残留物，不是煤中的固有成分。

(2) 煤的矿物质是混杂在煤中的无机矿物质（不包括游离水，但包括化合水）。

(3) 灰分是煤中矿物质在一定条件下经一系列分解、化合等复杂反应而形成的，是煤中矿物质的衍生物。灰分在组成和质量上都不同于矿物质，但煤的灰分产率与矿物质含量间有一定的相关关系，可以用灰分来估算煤中矿物质含量。

153. 测定煤的灰分时为什么要在 500℃ 下保持 30min

测定煤的灰分时在 500℃ 下保持 30min 是一步非常重要的操作，因为在 500℃时停留一定时间可使煤中的二硫化亚铁氧化完全：

$$4FeS_2 + 11O_2 = 2Fe_2O_3 + 8SO_2\uparrow$$

然后升温至 815℃煤样中碳酸钙分解：

$$CaCO_3 = CaO + CO_2\uparrow$$

如果在 500℃之前二硫化亚铁不能被氧化完全，炉温很快升至 750℃，碳酸钙分解出来的氧化钙遇到二硫化亚铁分解出来的二氧化硫会反应生成硫酸钙，方程式为 $2SO_2 + 2CaO + O_2 = 2CaSO_4$，硫酸钙的分解温度大于 1300℃，因此会使部分硫固定于灰分中，使测定结果偏高。

154. 测定煤的灰分应注意哪些事项

(1) 要使用标准灰皿，煤样要均匀摊平在灰皿中，煤试样量不超过 $0.15g/cm^2$。

(2) 要使用电阻丝发热体制成的高温炉，保持炉膛内为氧化性气氛。不要使用硅碳棒电炉，因为其炉膛内为还原性气氛，使煤试料矿物质中某些成分的氧化还原反应不能进行完全。

(3) 要防止煤中硫对测定结果的影响。标准方法中规定，将盛有煤样的灰皿放入高温区（815℃）加热之前，先在加热至500℃的高温炉中（留15mm缝隙）加热30min，使煤样中的硫生成二氧化硫逸去。

155. 什么是煤的挥发分？为什么说煤的挥发分测定是一项规范性很强的试验

(1) 煤样在规定的条件下隔绝空气加热，进行水分校正后的质量损失即为挥发分。

(2) 工业分析中测定的挥发分不是煤中原来固有的挥发性物质，而是在规定条件下的热分解产物，试验条件不同，其试验结果也不同，挥发分测定结果与加热温度、加热时间，试验设备的型式和大小，试验容器的材质、形状和尺寸，坩埚架等密切相关，即测定结果取决于所规定的试验条件，所以它是一项规范性很强的试验。

156. 测定煤的挥发分应注意哪些事项

(1) 测定温度必须严格控制在（900±10)℃，装有煤样的坩埚必须放在马弗炉的恒温区内。

(2) 必须使用符合《煤的工业分析方法》(GB/T 212—2008) 规定的挥发分坩埚，坩埚盖必须配合严密，装有试样的坩埚必须放在按标准规定制作的坩埚架上加热，不能将装有试样的坩埚直接放在马弗炉的底板上加热。

(3) 总加热时间（包括温度恢复时间）要严格控制在7min，装有试样的坩埚放入马弗炉后，炉温应在3min内恢复到（900±10)℃，坩埚从马弗炉取出后在空气中冷却时间不宜过长，以防焦渣吸水。

(4) 挥发分的重复性测定，不能在同一次进行，而应分两次进行，这样才能起到检查炉温加热时间和提高操作准确性的目的。

(5) 分析煤样的水分随空气的湿度而变化，所以不论是挥发分的测定，还是灰分的测定均应同时称样进行水分的测定，以便对测定结果进行校正。

157. 煤中固定碳质量分数计算方法是什么

固定碳是煤炭分类、燃烧和焦化中的一项重要指标，煤的固定碳随变质程度的加深而增加。在煤的燃烧中，利用固定碳来计算燃烧设备的效率。根据《煤的工业分析方法》(GB/T 212—2008) 规定，按下式计算空气干燥基固定碳：

$$FC_{ad}=100-(M_{ad}+A_{ad}+V_{ad})$$

式中 FC_{ad}——空气干燥基固定碳的质量分数（%）；

M_{ad}——一般分析试验煤样水分的质量分数（%）；

A_{ad}——空气干燥基灰分的质量分数（%）；

V_{ad}——空气干燥基挥发分的质量分数（%）。

158. 什么是煤发热量？其单位和表示方法包括哪些

（1）发热量（热值）是指单位质量燃料完全燃烧时产生的热量，煤的发热量（热值）是正确评价动力用煤质量和工矿企业计算煤耗的重要指标。煤的发热量可用热量计（发热量测定仪）直接进行精确测定，也可根据工业分析或元素分析各项数据，按规定经验公式间接算出（不推荐使用）。

（2）发热量的测定单位以千焦/克（kJ/g）或兆焦/克（MJ/g）表示，我国以前一直采用卡（cal）来表示，其与焦耳（J）之间的换算如下：

$$1\text{卡}_{20℃}=4.1816\text{J}$$

注：卡$_{20℃}$，即将1g纯水从19.5℃升高至20.5℃所吸收的热量。

（3）定义

①（空气干燥基煤试样）弹筒发热量 $Q_{b,ad}$

单位质量的试样在充有过量氧气的氧弹内燃烧，其燃烧产物组成为氧气、氮气、二氧化碳、硝酸和硫酸、液态水以及固态灰时放出的热量。

②（空气干燥基煤试样）恒容高位发热量 $Q_{gr,v,ad}$

单位质量的试样在充有过量氧气的氧弹内燃烧，其燃烧产物组成为氧气、氮气、二氧化碳、二氧化硫、液态水以及固态灰时放出的热量。恒容高位发热量即由弹筒发热量减去硝酸形成热和硫酸校正热后得到的发热量。

③（空气干燥基煤试样）恒容低位发热量 $Q_{net,v,ad}$

单位质量的试样在恒容条件下，在过量氧气中燃烧，其燃烧产物组成为氧气、氮气、二氧化碳、二氧化硫、气态水（假设压力为0.1MPa）以及固态灰时放出的热量。煤在氧弹中燃烧与在大气中燃烧的另一个不同之处是：在氧弹中燃烧时，水蒸气凝结为液态水；而在大气中燃烧时，全部水（包括燃烧生成水和煤中原有的水分）呈蒸汽状态随燃烧废气排出，二者发热量之差即水的汽化热。因此在校正了前两种热量后得到的恒容高位发热量，再减去水的汽化热后得到的发热量即为恒容低位发热量。“恒容低位发热量”在实际应用中更具有实用意义。

根据有关国家规范规定，煤的热值应以氧弹仪实测值为基准，各水泥生产企业应积极创造条件，全面实现用氧弹仪测定煤的热值，这样才能正确反映熟料生产实际煤耗和提升企业管理水平。只有在不具备检测条件的情况下，才可采用煤炭科研院提出的相关公式近似地计算煤的热值。

159. 采取平均试样有什么重要意义

矿物原料的化学成分通常是不均匀的，特别是大块、小块和粉末共存时更是如此。我们不可能将整批物料拿来进行分析，只能用科学的方法采取其中一小部分进行化验，要求所得分析结果能代表整批物料的平均成分。因此，试样的采取是一项十分重要的工作。取样时应按一定规则采取，使采取的试样具有代表性，即其成分能代表整批物料的平均成分；否则，操作再精细，分析结果再准确，也毫无意义，甚至会给生产造成损失。

160. 分析原材料时为什么要用烘干后的试样

（1）水泥原材料所含的附着水分，与其本身的性质、细度及周围环境的湿度有关，含量不定。故在设计配料方案时，一般都用原材料的干基分析结果进行计算，然后根据测定的原材料湿基的水分值，将原材料的干基配比换算成湿基配比。

（2）黏土、生料、石灰石等国家标样的标准值也是以干基表示的，为了比较检查分析结果是否准确，亦应将黏土、生料等标样在105～110℃烘干后，再称样进行分析。

161. 重量分析中“灼烧”与“恒重”的含义是什么

（1）坩埚的灼烧与恒重：新坩埚用水洗净，在热的盐酸（1＋4）中浸泡10min，用水洗净，烘干后，在950～1000℃的马弗炉中灼烧10～15min，取出冷却，待红热褪去后，放于干燥器中冷却30～50min。同一化验室中，坩埚冷却的时间应相同（无论是空坩埚还是有沉淀的），冷却至室温后，称量记录其准确质量，再将坩埚按相同的条件进行灼烧，冷却，称量，直到两次称量质量之差不超过0.0005g，即为恒重。

（2）沉淀的烘干与灼烧：将包裹好的沉淀放在已恒重的坩埚中，将坩埚放在小功率电炉上慢慢烘干，然后移至通风橱中的灰化电炉上，罩好灰化炉罩，加热，在氧化性气氛中灰化，不得产生火焰，待滤纸灰化至无黑色碳粒，将坩埚移入高温炉中，按规定的条件进行灼烧，冷却，称量，直至恒重。带沉淀的坩埚也是连续两次灼烧称量质量之差不超过0.0005g即为恒重。

162. 溶液质量浓度和物质的量浓度的表示与计算如何？分别举例加以说明

（1）溶液质量浓度

溶液质量浓度是以单位体积的溶液中所含溶质的质量表示的浓度。常用单位为g/L或其分倍数表示，如1L溶液中含有200g溶质，其浓度表示为200g/L，如1mL溶液中含有0.8mg溶质，其浓度表示为0.8mg/mL。用于火焰光度分析、比色分析、原子吸收分光光度分析中的标准比对溶液，其浓度常用质量浓度表示，如氧化钠标准溶液（0.5mg/mL）。

由固体物质制成的一般溶液，其浓度也常用质量浓度表示，如氢氧化钾溶液（200g/L），是指1L此种溶液中含固体氢氧化钾200g。

（2）物质的量浓度

物质B的物质的量浓度的定义为：物质B的物质的量除以混合物的体积，

简称浓度。计算见下式：

$$c_B = \frac{n_B}{V}$$

式中　c_B——物质B的物质的量浓度（mol/L）；

n_B——物质B的物质的量（mol）；

V——混合物的体积（L）。

例如：200mL氢氧化钠溶液中含0.5mol的氢氧化钠，此溶液的物质的量浓度为

$$c(\text{NaOH}) = \frac{0.5}{200/1000} = 2.5(\text{mol/L})$$

物质A的物质的量 n_A（mol）、质量 m_A（g）和摩尔质量 M_A（g/mL）的关系计算为

$$n_A = \frac{m_A}{M_A}$$

所以物质A的物质的量浓度又表示为：

$$c_A = \frac{m_A}{M_A V}$$

163. 缓冲溶液的作用及其缓冲原理是什么

缓冲溶液的作用，在于它具有抵御外来酸碱及稀释影响pH变化的能力。

缓冲溶液一般由一定浓度的共轭酸碱对所组成，如［HAc-NaAc］等。现以HAc-NaAc所组成的缓冲溶液为例来说明它的缓冲原理：HAc是弱电解质，在水溶液中只有部分电离，NaAc是强电解质，在水溶液中可完全电离：

$$\text{HAc} \rightleftharpoons \text{H}^+ + \text{Ac}^-$$

$$\text{NaAc} \rightleftharpoons \text{Na}^+ + \text{Ac}^-$$

如果在此缓冲溶液中加入少量的强酸，则加的 H^+ 与溶液中的 Ac^- 结合成HAc分子，反应式 $\text{HAc} \rightleftharpoons \text{H}^+ + \text{Ac}^-$ 向左方向进行，溶液中的 H^+ 增加不多，pH变动不大。如加入少量碱，则加入的［OH^-］与溶液中的 H^+ 结合生成水分子 H_2O，从而引起HAc继续电离（即反应向右进行），以补充消耗了的 H^+，因此，溶液中的 H^+ 降低不多，pH变动不大。如果将溶液稀释（体积变化），虽然 OH^+ 降低了，但 Ac^- 也降低了，同离子效应减弱，促使HAc的电离增加，即产生的 H^+ 可维持溶液的pH基本不变。

其他类型的缓冲溶液作用原理与此类似。

164. 什么叫离子反应？离子反应应具备的条件是什么

（1）电解质在溶液中电离成离子，因此电解质在溶液中的反应，实际上是离子之间的反应，这种反应叫离子反应。

（2）电解质溶液混合后，不一定都发生反应，离子反应应具备以下条件

之一：

① 生成弱电解质，如 $NaCN+HCl = NaCl+HCN$；

$CN^-+H^+ = HCN$；

② 生成气体，如$CaCO_3+2HCl = CaCl_2+H_2O+CO_2\uparrow$；

$CaCO_3+2H^+ = Ca^{2+}+H_2O+CO_2\uparrow$；

④ 生成难溶物沉淀，如$BaCl_2+H_2SO_4 = BaSO_4\downarrow+2HCl$；

$Ba^{2+}+SO_4^{2-} = BaSO_4\downarrow$；

⑤ 生成络离子，如$AgNO_3+2KCN = KAg(CN)_2+KNO_3$；

$Ag^++2CN = Ag(CN)_2^-$；

⑥ 反应物间发生氧化还原反应，如 $2FeCl_3+SnCl_2 = 2FeCl_2+SnCl_4$；$2Fe^{3+}+Sn^{2+} = 2Fe^{2+}+Sn^{4+}$。

165. 按滴定方式分类，滴定分析法有哪几种滴定方法

（1）直接滴定法。它是用标准滴定溶液直接滴定溶液中的被测物质。如 EDTA 作配位剂测定水泥和熟料中的铁、铝、钙、镁。

（2）回滴定法。先准确加入过量的标准滴定溶液 A，待反应完全后，再用标准滴定溶液 B 滴定过量的标准滴定溶液 A，根据反应实际消耗的标准滴定溶液 A 的量，来计算被测组分的含量。一般当被测组分采用直接滴定法反应太慢，或没有适当的指示剂，采用此方法。如测定水泥中三氧化二铝（EDTA-铜盐法）。

（3）间接滴定法。对于不能直接与标准滴定溶液反应的物质，可以通过另外的反应，生成可以与标准滴定溶液反应的另一种物质，这样即可间接测出组分的含量。如 Ca^{2+}不能与氧化剂直接滴定，但若生成草酸钙沉淀，经分离后，可用氧化剂高锰酸钾标准滴定溶液滴定与 Ca^{2+} 结合的草酸钙，从而间接计算出钙离子的含量。

（4）置换滴定法。对于不按确定反应方程式进行（或伴有副反应）的反应，可以不直接测定被测物质，先用适当试剂与被测物质反应，使其置换出另一生成物，再用标准滴定溶液滴定此生成物，如苦杏仁酸测定二氧化钛，氟化铵置换法测定三氧化二铝。

166. 什么叫重量分析法？有什么特点

重量分析法是先用适当的方法将试样中待测组分与其他组分分离，利用试剂与待测组分生成溶解度很小的沉淀，经过滤、洗涤、烘干或灼烧成为组成一定的物质，然后称其质量，再计算待测组分的含量。

重量分析法是最基本、最直接的分析方法，它是直接用天平称量而获得分析结果，不需要与标样或其他基准物质进行比较，该方法准确度高，只要操作细心，相对误差一般在 0.1%～0.2%，但其操作烦琐。

167. 什么叫容量分析法？分为哪几种方法？容量分析的化学反应应具备哪些条件

（1）容量分析法是指用已知准确浓度的试剂溶液与被测组分反应，用所消耗的试剂量，计算被测组分含量的方法。

（2）容量分析的种类

① 酸碱滴定法是以酸碱中和反应为基础的分析方法。如氟硅酸钾容量法测定二氧化硅；

② 氧化还原滴定法是以氧化还原为基础的滴定方法。如重铬酸钾法测定生料中的三氧化二铁；

③ 络合滴定法是以络合反应为基础的分析方法。如 EDTA 作配位剂测定水泥中的铁、铝、钙、镁；

④ 沉淀滴定法是以生成沉淀反应为基础的滴定方法。

（3）容量分析的化学反应应具备的条件：

① 被测组分与所加试剂的反应必须是定量进行的，而且能够迅速完成；

② 反应达到等当点时，溶液体系应有明显的变化；

③ 溶液中其他成分不干扰反应进行，或者有适当的方法消除干扰作用。

168. 使用银坩埚时应注意哪些事项

（1）银的熔点是 960.8℃，使用温度不得超过 750℃，不能在喷灯上直接加热。

（2）银坩埚对碱性熔剂（如氢氧化钠、氢氧化钾）有较好的耐腐蚀性，可用苛性碱作熔剂。

（3）在熔融状态下，锌、锡、铅、汞等金属形成的盐会使银坩埚变脆，因此含有这些化合物的样品不能用银坩埚熔样。

（4）在银坩埚内不能分解或熔融含硫较多的样品，因银很容易与硫生成硫化银。

（5）银易溶于酸，所以浸出熔融物后，再用少量（1＋20）的硝酸或（1＋5）盐酸洗净坩埚。

169. 使用铂金坩埚时应注意哪些事项

（1）铂金的熔点是 1773.5℃，性质较软，加热灼烧时应在高温炉内或在喷灯的氧化焰上进行，禁止使用还原焰和发烟的火焰，以免在高温下形成脆性的碳化铂。

（2）不得在铂容器中加热或熔融碱金属的氧化物、硫代硫酸钠、含磷和大量硫的物质以及重金属的样品（如铅、锡、汞、铜等）。

（3）高温下不得使用大量的过氧化剂、氢氧化钠（钾）作熔剂，灼烧时器皿应放在泥三角或石棉板上，要用带有铂尖的钳子夹取。

（4）铂容器不允许处理卤素或分解卤素物质。

（5）成分不明的物质不得用铂容器加热或熔融。

（6）铂容器应保持清洁，如长期使用表面不洁净时，可用以下方法处理：

① 用盐酸（1+5）溶液加热。

② 如器皿上沾有脏物时，可用焦硫酸钾或碳酸钠熔融除去。

③ 如有轻微腐蚀可用圆粒细砂轻轻抹擦腐蚀部分。

（7）使用铂坩埚时，应防止变形，不能将灼热的铂坩埚骤然放在冷水中，不能用手揉捏，不能用玻璃棒捣刮。

170. 使用镍坩埚时应注意哪些事项

（1）镍坩埚只宜用于碱性溶剂，如氢氧化钾、过氧化钠溶剂，不得用于焦硫酸钾、硫酸氢钾等酸性溶剂。

（2）使用温度不得高于 700℃，否则带入溶液中的镍盐将大量增加。

171. 使用玛瑙研钵时应注意哪些事项

（1）玛瑙研钵主要成分是二氧化硅，硬度大，但属于脆性材料，只能研磨，不能敲打，较大块样品要先破碎，再在玛瑙研钵里研磨。

（2）玛瑙研钵不能与氢氟酸接触，也不能加热，洗涤后不得放入烘箱内烘烤。

（3）洗涤时应先用水清洗，必要时可用稀盐酸洗涤，若仍不能洗净，或污点黏附很牢固，可用少量食盐或细砂研磨，再用水清洗，于阴凉处存放干燥。

172. 金属指示剂应具备什么条件？如何选用金属指示剂

金属指示剂应具备的条件是：

（1）在滴定的 pH 值范围内，游离指示剂与金属络合物两者的颜色应有明显的差别，这样才能使终点颜色变化明显。

（2）指示剂与金属离子的络合物应具有一定的稳定性，而且指示剂与金属离子络合物的稳定性必须小于 EDTA 金属离子络合物的稳定性，即 $K_{\overline{MIn}}<K_{MY}$。

（3）指示剂与金属离子形成的络合物，应易溶于水，反应迅速，否则易成胶体溶液或沉淀，使终点滞后，使指示剂发生僵化现象。

（4）指示剂应具有一定的选择性，即在一定条件下只对某一种（某几种）离子发生显色反应。

（5）指示剂应比较稳定，便于储存和使用。

以上要求中（1）和（2）两条最为重要。

在选用金属指示剂时，一般常以 EDTA 金属络合物和指示剂金属络合物稳定常数相差数值的大小作为一种选择依据，重要的是参考已有的文献中实际应用的经验或者通过试验来解决。

173. 酸碱指示剂的原理

酸碱指示剂一般是弱的有机酸或有机碱，它的酸式与其共轭碱式相比具有明显不同的色调。当指示剂的 pH 改变时，指示剂失去质子由酸式转变为碱式，或得到质子由碱式转化为酸式，由于结构上的改变，从而引起颜色的变化。比如酚酞，在酸式溶液中无色，在碱性溶液中显红色。

174. 测定烧失量时应注意哪些事项

（1）烧失量的测定结果，除特殊规定外，灼烧温度一般为（950±25)℃。在此温度下，有的反应可以进行完全，有的反应只能进行到一定程度。因此，测定烧失量时应控制灼烧温度和灼烧时间。注意，石膏样品应从低温升起，在 850℃ 灼烧 1h 或达到恒量，冷却后称量。

（2）测定时，一般应从低温开始升起（低于 400℃），如将试样直接放在高温下灼烧，会因其挥发性物质的猛烈排除而使试样飞溅。

（3）有的样品灼烧后吸水性较强，如黏土、石灰石等，因此，称量要迅速，同时要使用干燥能力较强的干燥剂，以免吸收空气和干燥器中水分而使测定结果偏低。

（4）测定烧失量用的瓷坩埚，若为初次使用，需要预先在（950±25)℃温度下灼烧至恒量（相对较长的灼烧时间）。反复使用的瓷坩埚，再次使用时，应洗净后在（950±25)℃下灼烧至恒量。可用稀盐酸洗净坩埚。有的检测人员不预先恒量空坩埚，而是灼烧后将残渣从坩埚中扫出来，直接称量其质量，这种操作是不正确的。因为试料中一些成分在灼烧时可能与瓷坩埚反应，特别是碱、氯含量高的试样更会侵蚀坩埚，而给测定结果造成较大误差。正确的做法是：先将空坩埚灼烧称重，而后加试样灼烧，取出稍冷后，置于干燥器中冷却至室温，坩埚连同试样一起称量。

175. 水泥化学分析中，分解试样的溶剂有哪几种

分解试样的溶剂分为酸性溶剂和碱性溶剂两种。

（1）酸性溶剂有焦硫酸钾和硫酸氢钾。

（2）碱性溶剂有无水碳酸钠（熔点 850℃）、碳酸钾（熔点 890℃）、氢氧化钠（熔点 318℃）、氢氧化钾（熔点 360℃）、过氧化钠（熔点 460℃）等。为降低熔点，可将碳酸钠与碳酸钾按 4∶5 混合，其混合物熔点 700℃，用于测定硅酸盐中某些易于挥发的组分（如氟、氯等）时使用。

176. 水泥化学分析中，熔剂分解试样的方法有哪几种

熔剂分解试样的方法一般有如下 4 种：

（1）酸性熔剂有焦硫酸钾和硫酸氢钾，适用于熔融金属氧化物。

（2）碳酸钠熔样法。使用铂坩埚熔样，常使用碳酸钠作熔剂，通常熔剂加入量一般为试样质量的 4～6 倍，熔融时间 20～30min，难熔试样（如矾土）可加入

6～10倍的碳酸钠，熔融时间也应适当延长，试样中铁含量高时，熔融铁矿石前，应先用盐酸处理试样，使绝大多数铁溶解后过滤，将滤出的残渣再用碳酸钠熔融。

（3）碳酸钠半熔法。用碳酸钠半熔法（烧结）分解试样，一般碳酸钠的用量为试样的60%～100%，可同样使某些试样达到完全分解的目的。一般对水泥生料、熟料、石灰石等试样进行分析，采用氯化铵重量法测定二氧化硅的系统分析方法时都采用半熔法分解试样。为使试样较快地完全分解，应先将试样在铂坩埚中于950～1000℃的温度下灼烧3～5min，然后加入研细的无水碳酸钠，在同样的条件下灼烧3～5min。半熔物易从坩埚中脱出，铂坩埚损失少，但不宜用来分解难熔试样。

（4）氢氧化钠熔样法。氢氧化钠是强碱性熔剂，适用于硅含量高的试样，而对铝含量高的试样往往分解不完全。一般使用氢氧化钠作熔剂，在银坩埚中熔融，制成澄清透明的溶液，以氟硅酸钾法测定二氧化硅或不分离硅酸的情况下进行铁、铝、钙、镁等组分的测定。银不与亚铁化合物反应，为使铁的测定结果准确，进入试样中的少量银离子可与大量盐酸中的氯离子生成$[AgCl_4]^{3-}$配位离子，既防止生成氯化银沉淀，又防止银离子对配位滴定产生影响。适用于水泥生料、熟料、水泥、石灰石、黏土、铁矿石、粉煤灰等试样的分解。

177. 碱熔法熔样的注意事项有哪些

（1）熔融时防止熔体从坩埚中溢出，注意事项如下：

① 对用作熔剂的氢氧化钠注意保存，勿使其长时间暴露在空气中，以免吸水过多，熔融时产生飞溅；

② 银坩埚盖不要盖严，应留有较大空隙，所以可将银坩埚盖弯曲成一定弧度后盖上；

③ 熔融要从低温升起（400℃以下）；

④ 银坩埚放在炉膛底部的耐火水泥板上，而不要放在炉膛底板上，尽量位于炉膛中部，不要与炉膛内壁接触或过分靠近，以免熔融温度过高。

（2）脱埚

熔融过程结束后，取出，使其冷却（为使熔体易于脱出，并使坩埚不易变形，熔融过程结束后，用坩埚钳夹持坩埚并使之旋转几圈，使熔体均匀地附着在坩埚壁上），然后放入盛有100mL热水的容量为300mL的烧杯中，盖上表面皿，加热，使熔块全部溶解。长时间使用后，银坩埚底部会变得凹凸不平，严重变形，造成熔体脱出不易，可将少量盐酸（1+5）加入坩埚，盖上坩埚盖，在低温电炉上加热，使熔体溶解，将溶液倒入烧杯中，再用少量盐酸（1+5）重复两到三次，直到将熔体全部溶解。

（3）酸化

熔体全部进入溶液中以后，调整溶液体积在100mL左右（溶液体积不宜太小；否则，用盐酸酸化溶液时，有可能析出硅酸胶体），为防止碱性溶液对玻璃的腐蚀，要尽快酸化，不要久置。酸化溶液的关键是要尽快使溶液由碱性变为强酸性，酸化时预先用量杯量取一定体积的强酸（除铁矿石为硝酸外，其余都为盐酸），将溶液充分搅拌，盖上表面皿，立即从杯口将酸化用的强酸连续迅速倒入烧杯中，取下表面皿，再次充分搅拌，并加热至沸腾，即可得到澄清透明的溶液。加入1mL浓硝酸，以便将二价铁离子氧化为三价铁离子，以保证用配位滴定法测定三氧化二铁的准确性。冷却后，将溶液移入250mL的容量瓶中，用水稀释至标线，摇匀，放置后如果发现容量瓶底部有黑灰色絮状物质，是由于熔融温度过高或时间过长，从银坩埚进入溶液的银颗粒造成的，对测定结果无影响；如果溶液呈现浑浊，是由于熔融温度过低或时间不足造成的，应提高熔融温度和延长熔融时间重新熔融（必要时可增加氢氧化钠的加入量）。如果有硅酸胶体析出，对测定铁、铝、钙、镁配位滴定的测定结果无影响，但分取此溶液测定二氧化硅，则会造成很大的误差。

178. 分析水泥及熟料前，为什么不需要烘干试样？水泥和熟料标样受潮后，如何对分析结果进行校正

（1）水泥及水泥熟料与天然矿物原料不同，一般天然矿物原料吸收的水分是以附着水的形态存在，可以在105～110℃下烘干除去；而水泥及其熟料吸收的水分，大部分已与其矿物组成发生水化反应，变成了化合水（又称结构水、结晶水），难以在105～110℃下除去。

（2）水泥及其熟料吸水后，必然导致其烧失量的变化，从而引起各项测定结果的相应变化，使分析结果失去可比性，因此，当水泥及其熟料标样受潮后，我们可以用下式对分析结果进行校正：

$$校正后标准值=\frac{100-实测烧失量}{100-标准烧失量}\times标准值$$

179. 简述二安替比林甲烷分光光度法测定水泥中二氧化钛的操作过程

从试样溶液中吸取25.00mL溶液放入100mL容量瓶中，加入10mL盐酸（1+2）、10mL抗坏血酸溶液（5g/L），放置5min。加入5mL乙醇（体积分数95%）、20mL二安替比林甲烷溶液（30g/L盐酸溶液），用水稀释至刻度，摇匀。常温下放置40min后，用分光光度计，10mm比色皿，以水作参比，于波长420nm处测定溶液的吸光度。在工作曲线上求出二氧化钛的含量。

180. 简述高碘酸钾氧化分光光度法测定水泥中一氧化锰的操作过程

称取约0.5g试样，精确至0.0001g，置于铂坩埚中，加入3g碳酸钠-硼砂混合熔剂（2+1），搅拌均匀，在950～1000℃下熔融10min，用坩埚钳夹持铂坩埚旋转，使熔融物均匀地附于坩埚内壁，冷却后，将坩埚放入已盛有50mL硝酸（1+9）及100mL硫酸（5+95）并加热至微沸的300mL烧杯中，继续保持微沸

状态，直至熔融物全部溶解，用水洗净坩埚及盖，用快速滤纸将溶液过滤至250mL容量瓶中，并用热水洗涤数次。将溶液冷却至室温，用水稀释至刻度，摇匀。吸取50.00mL上述溶液放入150mL烧杯中，依次加入5mL磷酸（1+1）、10mL硫酸（1+1）及1g高碘酸钾，加热微沸30min左右至溶液达到最大颜色深度，冷却至室温后，移入100mL容量瓶中，用水稀释至刻度，摇匀。用分光光度计，10mm比色皿，以水作参比，于波长530nm处测定溶液的吸光度，在工作曲线上求出一氧化锰的含量。

181. 简述测定水泥中氧化钾和氧化钠的操作过程

称取约0.2g试样，精确至0.0001g，置于铂皿（或聚四氟乙烯器皿）中，加入少量水润湿，加5～7mL氢氟酸及15～20滴硫酸（1+1），放入通风橱内的电热板上低温加热，近干时摇动铂皿，以防溅失，待氢氟酸驱尽后逐渐升高温度，继续加热至三氧化硫白烟冒尽，取下冷却。加入40～50mL热水，用胶头擦棒压碎残渣使其分散，加1滴甲基红指示剂溶液（2g/L），用氨水（1+1）中和至黄色，再加入10mL碳酸铵溶液（100g/L），搅拌，然后放入通风橱内电热板上加热至沸并继续微沸20～30min。

用快速滤纸过滤，以热水充分洗涤，用胶头擦棒擦洗铂皿，滤液及洗液收集于100mL容量瓶中，冷却至室温。用盐酸（1+1）中和至溶液呈微红色，用水稀释至标线，摇匀。在火焰光度计上，按仪器使用规程进行测定。在工作曲线上分别求出氧化钾和氧化钠的含量。

182. 简述测定水泥中不溶物的操作过程

称取约1g试样，精确至0.0001g，置于150mL烧杯中，加25mL水，搅拌使试样分散。在搅拌下快速加入5mL盐酸，用平头玻璃棒压碎块状物使其完全分散，用近沸的热水稀释至50mL，盖上表面皿，置于蒸汽浴中加热15min。用中速定量滤纸过滤，用热水充分洗涤10次以上。将残渣和滤纸一并移入原烧杯中，加入100mL近沸的氢氧化钠溶液（10g/L），盖上表面皿，将烧杯置于蒸汽浴中加热15min，加热期间搅拌滤纸及残渣2～3次。取下烧杯，加入1～2滴甲基红指示剂溶液（2g/L），滴加盐酸（1+1）至溶液呈红色，再过量8～10滴。用中速定量滤纸过滤，用热的硝酸铵溶液（20g/L）充分洗涤残渣和滤纸至少14次，每次等上次洗液漏完后再洗涤下次。

将残渣及滤纸一并移入已灼烧恒量的瓷坩埚中，灰化后在（950±25)℃的高温炉内灼烧30min以上。取出坩埚，置于干燥器中冷却至室温，称量，反复灼烧直至恒量或者在（950±25)℃下灼烧约30min（有争议时，以反复灼烧直至恒量的结果为准)，置于干燥器中冷却至室温后称量。

183. 简述硫氰酸铵容量法测定水泥中氯离子的操作过程

称取约5g试样，精确至0.0001g，置于400mL烧杯中，加入50mL水，搅拌使试样完全分散，在搅拌下加入 50mL 硝酸（1＋2），加热煮沸，微沸 1～2min。取下，加入 5.00mL 硝酸银标准溶液（0.05mol/L），搅匀，煮沸 1～2min，加入少许滤纸浆，用预先用硝酸（1＋100）洗涤过的快速滤纸过滤或玻璃砂芯漏斗抽气过滤，滤液收集于 250mL 锥形瓶中，用硝酸（1＋100）洗涤烧杯、玻璃棒和滤纸，直至滤液和洗液总体积达到约 200mL，溶液在弱光线或暗处冷却至 25℃以下。加入 5mL 硫酸铁铵指示剂溶液，用硫氰酸铵标准滴定溶液（0.05mol/L）滴定至产生的红棕色在摇动下不消失为止。如果滴定时消耗硫氰酸铵标准滴定溶液的体积小于 0.5mL，用减少一半的试样质量重新试验。不加入试样按上述步骤进行空白试验，记录空白滴定所用硫氰酸铵标准滴定溶液的体积。

184. 简述（自动）电位滴定法测定水泥中氯离子的操作过程

称取约 5g 试样，精确至 0.0001g，置于 250mL 干烧杯中。加入 20mL 水，搅拌使试样完全分散，然后在搅拌下加入 25mL 硝酸（1＋1），加水稀释至 100mL。加入 2.00mL 氯离子标准溶液（0.02mol/L）和 2mL 过氧化氢，盖上表面皿，加热煮沸，微沸 1～2min。冷却至室温，用水冲洗表面皿和玻璃棒，并从烧杯中取出玻璃棒，放入一根搅拌棒。把烧杯放在磁力搅拌器上，用氯离子电位滴定装置测量溶液的电位，在溶液中插入氯离子电极和甘汞电极，开始搅拌。用硝酸银标准滴定溶液（0.02mol/L）逐渐滴定，化学计量点前后，每次滴加 0.10mL 硝酸银标准滴定溶液，记录滴定管读数和对应的毫伏计读数。计量点前，毫伏计读数变化越来越大；过计量点后，每滴加一次溶液，变化又将减小。继续滴定至毫伏计读数变化不大时为止。用二次微商法计算或氯离子电位滴定装置计算出消耗的硝酸银标准滴定溶液的体积。

185. 简述测定水泥中水溶性铬（Ⅵ）的操作过程

用天平称取（450±2）g 水泥（精确至 0.1g），（225±1）mL 水（精确至 1mL），（1350±5）g 标准砂，将每份胶砂用水泥胶砂搅拌机按照自动程序进行搅拌；用布氏漏斗过滤，真空泵抽滤，得到 10～15mL 滤液；吸取 5.0mL（V_2）滤液放入 100mL 烧杯中，加入 5.0mL 二苯碳酰二肼溶液摇动，在 pH 计指示下用 1.0mol/L 盐酸调节溶液的 pH 值在 2.1～2.5 之间，根据水泥中水溶性铬（Ⅵ）含量范围，按照表 2-5 选用合适的容量瓶，并将溶液转移至该容量瓶（V_3）中，用水稀释至标线，摇匀。放置 15min 后，使用分光光度计或光电比色计，在 540nm 处测量溶液的吸光度，并扣除空白试验的吸光度。在工作曲线上查出铬（Ⅵ）的浓度（c），单位为 mg/L。

表 2-5　容量瓶选取参考表

水泥中水溶性铬（Ⅵ）的含量/（mg/kg）	0～10	10～30	＞30
容量瓶的体积 V_3/mL	50	250	500

186. 简述测定高铁试样中三氧化二铁的操作过程

吸取25.00mL溶液，放入300mL烧杯中，加水至约150mL，用硝酸（1+1）和氨水（1+1）调整溶液pH值至1～1.5（以精密pH试纸检验）。加入2滴磺基水杨酸钠指示剂溶液（100g/L），在搅拌下用EDTA标准滴定溶液（0.015mol/L）滴定到红色消失后，再过量1～2mL，搅拌并放置1min。加入2～3滴半二甲酚橙指示剂溶液（5g/L），立即用硝酸铋标准滴定溶液缓慢滴定至溶液由黄变为橙红色。

187. 简述测定铁矿石试样中三氧化二铝的操作过程

向测定完三氧化二铁的溶液中，加入15mL 50g/L苦杏仁酸溶液，加入EDTA标准滴定溶液（0.015mL）至过量10～15mL（对铝、钛含量而言），加氨水（1+1）使溶液pH值在4.0左右，将溶液加热至70～80℃后，加10mL pH6.0的缓冲溶液，煮沸4min，取下用水洗杯壁并冷却至室温，加入7～8滴半二甲酚橙指示剂（5g/L），以乙酸铅标准滴定溶液（0.015m/L）滴定至溶液颜色由黄变为橙红色（不计读数），立即向溶液中加入10mL氟化铵溶液（100g/L），煮沸1～2min，取下，冷却至室温，补加2～3滴半二甲酚橙指示剂（5g/L），然后用乙酸铅标准滴定溶液（0.015m/L）滴定至溶液颜色由黄变为橙红色，记下此次消耗标准滴定溶液的体积。

188. 简述测定水泥用铁质原料烧失量的操作过程

称取约1g试样，精确至0.0001g，置于已灼烧恒量的灰皿中，放入已升温至950～1000℃的高温炉中，灼烧1h，取出灰皿置于干燥器中，冷却至室温，称量。

189. 什么是煤的采样单元？如何确定采样单元的子样数

（1）从一批煤中采取一个总样的煤量，一批煤可以是1个或多个采样单元。商品煤分品种以1000t为一基本采样单元，当批煤量不足1000t或大于1000t，可根据实际情况，以下煤量为一采样单元：一列火车装载的煤；一船装载的煤；一车或一船舱装载的煤；一段时间内发送或接收的煤。

（2）采样单元子样数确定

① 基本采样单元子样数

原煤、筛选煤、精煤及其他洗煤（包括中煤）的基本采样单元最少子样数列于表2-6。

② 采样单元煤量少于1000t时的子样数

采样单元煤量少于1000t时，子样数根据表2-7规定子样数按比例递减，但最少应不少于表2-7规定数。

表 2-6　基本采样单元最少子样数

品种	灰分范围 A_d（%）	采样地点				
		煤流	火车	汽车	煤堆	船舶
原煤、筛选煤	>20%	60	60	60	60	60
	≤20%	30	60	60	60	60
精煤	—	15	20	20	20	20
其他洗煤（包括中煤）	—	20	20	20	20	20

表 2-7　采样单元煤量少于 1000t 时的最少子样数

品种	灰分范围 A_d（%）	采样地点				
		煤流	火车	汽车	煤堆	船舶
原煤、筛选煤	>20%	18	18	18	30	30
	≤20%	10	18	18	30	30
精煤	—	10	10	10	10	10
其他洗煤（包括中煤）	—	10	10	10	10	10

③ 采样单元煤量大于 1000t 时的子样数

采样单元煤量大于 1000t 时的子样数按下式计算：

$$N = n\sqrt{\frac{M}{1000}}$$

式中　N——应采子样数；

n——表 2-7 规定的子样数；

M——被采样煤批量（t）；

1000——基本采样单元煤量（t）。

④ 一批煤采样单元数的确定

一批煤可作为一个采样单元，也可按下式划分为 m 个采样单元：

$$m = \sqrt{\frac{M}{1000}}$$

式中　M——被采样煤批量（t）。

190. 煤样制备包括哪些工序？各工序的目的是什么

煤样制备是按照规定把较大量的煤样加工成少量的具有代表性试样的过程。它包括破碎、筛分、混合、缩分和干燥等工序。

（1）破碎是将煤样的粒度减小的操作过程，目的在于增加不均匀物质的分散程度，以减少缩分误差。

（2）筛分是分离出不符合要求的颗粒的操作过程，目的是将大粒度的煤样分离出来，进一步破碎到规定粒度，以保证在各制样阶段，各不均匀物质达到一定的分散程度。

（3）混合是将煤样各部分互相掺合的操作过程，目的在于用人为的方法促使不均匀物质分散，使煤样尽可能均匀化，以减少下步缩分的误差。混合工序只是在堆锥四分法、棋盘式缩分法和九点法缩分全水分煤样时才需要；二分器缩分和其他以多子样抽取为基础的缩分则不需要。

（4）缩分是使煤样质量减少的操作过程，目的在于从大量煤样中取出一部分煤样。

（5）干燥是除去煤样中大量水分的操作过程，一般干燥的目的在于减少煤样水分含量，使之顺利通过破碎机、筛子、缩分机或二分器。干燥不是制样过程必不可少的步骤，因此也没有固定的次序，只有潮湿得无法进一步破碎和缩分的煤样才进行干燥。

191. 一般分析煤样（共用煤样）、全水分煤样总样或缩分后总样的最小质量如何确定

一般分析煤样（共用煤样）、全水分煤样总样或缩分后总样的最小质量按表 2-8 确定。

表 2-8　一般煤样总样、全水分总样/缩分后总样最小质量

标称最大粒度 (mm)	一般煤样和共用煤样 (kg)	全水分煤样 (kg)
150	2000	500
100	1025	190
80	565	105
50	170[a]	35
25	40	8
13	15	3
6	3.45	1.25
3	0.7	0.65
1.0	0.10	—

a 标称最大粒度 50mm 的精煤，一般分析和共用试样总样最小质量可为 60kg。

192. 艾士卡法测煤中全硫的原理和测定方法是什么

用艾士卡合剂与试样混合均匀后，在 800～850℃下缓慢燃烧，使煤中的硫转化为硫酸镁和硫酸钠，反应式为：

（1）煤的氧化过程

$$煤 + O_2 \longrightarrow CO_2 + H_2O + N_2 + SO_2 + SO_3$$

（2）硫的固定反应

$MgO + SO_3 = MgSO_4$；$2Na_2CO_3 + 2SO_2 + O_2 = 2Na_2SO_4 + 2CO_2\uparrow$

$Na_2CO_3 + SO_3 = Na_2SO_4 + CO_2\uparrow$；$2MgO + 2SO_2 + O_2 = 2MgSO_4$

（3）硫酸盐的氧化过程

$$CaSO_4 + Na_2CO_3 = CaCO_3 + Na_2SO_4$$

将灼烧过的试样用热水浸取，经过滤、洗涤，滤液用盐酸酸化，然后加入氯化钡溶液，生成硫酸钡沉淀，沉淀经过陈化、过滤、洗涤、灼烧、称量，即可得到硫酸钡的质量，根据硫酸钡的质量计算出煤中全硫的含量。

193. 高温燃烧红外光谱法测定煤中全硫的方法原理是什么

煤样在1300℃高温下，于氧气流中燃烧分解。气流中的颗粒和水蒸气分别被玻璃棉和高氯酸盐吸附滤除后通过红外检测出，其中的二氧化硫由红外检测系统测定。仪器使用前需用标准物质标定，煤样中全硫的含量根据预先的标定由微型计算机计算。

194. 库仑滴定法测定煤中全硫的原理是什么

煤样在催化剂（WO_3）作用下，于空气流中燃烧（1150℃）分解，煤中硫生成硫氧化物，其中二氧化硫被碘化钾溶液吸收，以电解碘化钾溶液所产生的碘进行滴定，根据电解所消耗的电量计算煤中全硫的含量。

195. 库仑滴定法测定煤中全硫时注意哪些事项

（1）电解液的配制：称取碘化钾（GB/T 1272）、溴化钾（GB/T 649）溶于250～300mL水中，并在溶液中加入冰乙酸（GB/T 676）10mL。冰乙酸不得过早加入，以免造成大量挥发；新配制的电解液pH值应该在1～2之间，电解次数增多，电解液酸度增大。当pH值小于1或呈深黄色时，应及时更换。电解液的酸度增加，导致测硫结果偏低。

（2）在测硫过程中应保持系统气路畅通。燃烧管进出口连接应使用耐温的硅橡胶管，各吸收管和电磁泵之间的连接管也应使用优质细口径的乳胶管，对发黏、老化的乳胶管应及时更换；燃烧器管出口端的硅酸铝棉或玻璃纤维棉也应及时更换，防止在其上黏附三氧化钨粉或未燃尽的煤粉造成堵塞。

（3）电解池内的铂电极及玻璃熔板应保持清洁。在测定煤样时，要求电解池保持完全密封，并要防止电解液倒吸。

（4）每天测煤样前，应先用废煤样测定（不计结果），以消除电解液存放过程中产生碘与溴，以免测定结果偏低。

196. 用氧弹量热法测定煤的高位发热量的原理是什么？其主要仪器设备包括哪些

1）用氧弹量热法测定煤的高位发热量的原理

煤的发热量在氧弹热量计中进行测定。一定量的分析试样在氧弹热量计中，在充有过量氧气的氧弹内燃烧，热量计的热容量通过相近条件下燃烧一定量的基准量热物苯甲酸来确定，根据试样燃烧前后量热系统的温升，并对点火热等附加热进行校正后即可求得试样的弹筒发热量，从弹筒发热量中扣除硝酸形成热和硫酸校正热（氧弹反应中形成的水合硫酸与气态二氧化硫的形成热之差）即得高位发热量。

2）主要仪器设备

（1）热量计。通常热量计有恒温式和绝热式两种。

① 氧弹由耐热、耐腐蚀的镍铬或镍铬钼合金钢制成；

② 内筒用紫铜、黄铜或不锈钢制成；

③ 外筒为金属制成的双壁容器，并有上盖；

④ 搅拌器螺旋桨式或其他形式，转速以400～600r/min为宜，并应保持恒定；

⑤ 量热温度计通常分两种类型，一种是玻璃水银温度计，其中玻璃水银温度计又分为固定测温范围的精密温度计和可变测温范围的贝克曼温度计；另一种是数字显示温度计。

（2）附属设备

① 燃烧皿；②压力表和氧气导管；③点火装置；④压饼机；⑤秒表或其他指示10s的计时器。

（3）天平

① 分析天平：感量0.1mg；②工业天平：载量4～5kg，感量0.5g。

197. 测发热量时，遇到难燃煤应采取什么措施？遇到易喷溅的煤应采取什么措施

（1）遇到难燃煤（高灰低热值）时，可用石棉绒做衬垫，如还不能完全燃烧，可提高充氧压力至3.2MPa，或用已知质量和热值的擦镜纸包裹称好的试样并用手压紧，然后放入燃烧皿中，进行发热量测定试验。

（2）遇到易喷溅的煤，棉线或点火丝应和煤样保持一微小的距离（1～2mm），或压饼切成3mm的块，或用擦镜纸包紧后再进行测试。

198. 煤的收到基恒容低位发热量如何计算？煤的各种不同水分基的恒容低位发热量如何换算

（1）煤的收到基恒容低位发热量按下式计算：

$$Q_{net,v,ar}=(Q_{gr,v,ad}-206H_{ad})\times\frac{100-M_t}{100-M_{ad}}-23M_t\ (J/g)$$

式中 $Q_{net,v,ar}$——煤的收到基恒容低位发热量（J/g）；

$Q_{gr,v,ad}$——煤的空气干燥基恒容高位发热量（J/g）；

M_t——煤的收到基全水分（按 GB/T 211 测定）的质量分数（%）；

M_{ad}——煤的空气干燥基水分（按 GB/T 212 测定）的质量分数（%）；

H_{ad}——煤的空气干燥基氢（按 GB/T 476 测定）的质量分数（%）；

206——对应空气干燥煤样中每 1%氢的气化热校正值（恒容）（J/g）；

23——对应于收到基煤中每 1%水分的气化热校正值（恒容）（J/g）。

（2）煤的各种不同水分基的恒容低位发热量的换算，见下式：

$$Q_{net,v,M} = (Q_{gr,v,ad} - 206H_{ad}) \times \frac{100-M}{100-M_{ad}} - 23M \ (J/g)$$

式中 $Q_{net,v,M}$——水分为 M 的煤的恒容低位发热量（J/g）；

M——煤样的水分，以质量分数表示（%）。干燥基时，$M=0$；空气干燥基时，$M=M_{ad}$；收到基时，$M=M_t$；

其余符号意义同前。

199. 焦渣特征定义及如何分类

焦渣是指挥发分测定后在坩埚中的残留物，焦渣特征（CRC）是指煤炭热分解以后剩余物质的形状。根据不同形状分为 8 个序号，其序号即为焦渣特征代号。

（1）粉状。全部是粉末，没有相互黏着的颗粒；

（2）黏着。用手指轻碰即成为粉末状或基本上是粉末状，其中较大的团块轻轻一碰即成粉末；

（3）弱黏性。用手指轻压即成小块；

（4）不熔融黏结。用手指用力压才裂成小块，焦渣上表面无光泽，下表面稍微有银白色光泽；

（5）不膨胀熔融黏结。焦渣形成扁平的块，煤粒的界限不易分清。焦渣上表面有明显的银白色金属光泽，下表面银白色光泽更明显；

（6）微膨胀熔融黏结。用手指压不碎，焦渣的上、下表面均有银白色金属光泽，但焦渣表面具有较小的膨胀泡；

（7）膨胀熔融黏结。焦渣上下表面均有银白色金属光泽，明显膨胀，但高度不超过 15mm；

（8）强膨胀熔融黏结。焦渣上、下表面有银白色金属光泽，焦渣高度超过 15mm。

200. 煤的元素分析项目包括哪些？煤中碳、氢含量的测定方法有哪些

（1）煤的元素分析是碳、氢、氧、氮、硫五个煤炭分析项目的总称。

（2）煤中碳、氢含量的测定有多种方法，经典法有三节炉法和二节炉法，以及电量-重量法；快速法有红外光谱法、高温燃烧热导法、红外-热导联合法等。

201. 常用的电量-重量法测定煤中碳、氢的方法要点是什么

煤样在氧气流中燃烧，生成的水与五氧化二磷反应生成偏磷酸后，经电解生成氢、氧、五氧化二磷，根据电解所消耗的电量，计算煤中氢的含量；生成的二氧化碳用吸收剂吸收，根据吸收剂质量的增加，计算煤中碳含量，煤样燃烧产生的硫氧化物和氯用高锰酸银热分解产物吸收，氮氧化物用粒状二氧化锰吸收，以消除它们对碳测定的干扰。

202. 如何对煤炭分析结果进行不同基准换算

煤质分析中得到的空气干燥基分析结果可以通过换算以“收到基”“干燥基”“干燥无灰基”“干燥无矿物质基”等结果表达，见表 2-9。

表 2-9　不同基的换算公式

已知基	要求基：空气干燥基（ad）	收到基（ar）	干燥基（d）	干燥无灰基（daf）	干燥无矿物质基（dmmf）
空气干燥基（ad）	—	$\frac{100-M_{ar}}{100-M_{ad}}$	$\frac{100}{100-M_{ad}}$	$\frac{100}{100-(M_{ad}+A_{ad})}$	$\frac{100}{100-(M_{ad}+MM_{ad})}$
收到基（ar）	$\frac{100-M_{ad}}{100-M_{ar}}$	—	$\frac{100}{100-M_{ar}}$	$\frac{100}{100-(M_{ar}+A_{ar})}$	$\frac{100}{100-(M_{ar}+MM_{ar})}$
干燥基（d）	$\frac{100-M_{ad}}{100}$	$\frac{100-M_{ar}}{100}$	—	$\frac{100}{100-A_{d}}$	$\frac{100}{100-MM_{d}}$
干燥无灰基（daf）	$\frac{100-(M_{ad}+A_{ad})}{100}$	$\frac{100-(M_{ar}+A_{ar})}{100}$	$\frac{100-A_{d}}{100}$	—	$\frac{100-A_{d}}{100-MM_{d}}$
干燥无矿物质基（dmmf）	$\frac{100-(M_{ad}+MM_{ad})}{100}$	$\frac{100-(M_{ar}+MM_{ar})}{100}$	$\frac{100-MM_{d}}{100}$	$\frac{100-MM_{d}}{100-A_{d}}$	—

注：表中所给出的把结果换算至收到基的公式也可用来把它们换算至任何其他水分基。

2.1.3　四级物理检验部分

203. GB/T 17671—1999 对实验室设备的基本要求是什么

试体成型实验室的温度应保持在（20±2)℃，相对湿度应不低于 50%。

试体带模养护的养护箱或雾室温度保持在（20±1)℃，相对湿度应不低于 90%。

试体养护池水温应在（20±1)℃范围内。

实验室空气温度和相对湿度及养护池水温在工作期间每天至少记录一次。

养护箱或雾室的温度与相对湿度至少每 4h 记录一次，在自动控制的情况下记录次数可以酌减至一天记录两次。在温度给定范围内，控制所设定的温度应在

此范围中。

设备中规定的公差，试验时对设备的正确操作很重要。当定期控制检测发现公差不符时，该设备应替换，或及时进行调整和修理。控制检测记录应予保存。

对新设备的接收检测应包括本标准规定的质量、体积和尺寸范围，对于公差规定的临界尺寸要特别注意。

204. 出厂水泥物理检验样品的取样方法是什么

（1）出厂水泥和交货验收检验样品应严格按国家标准和《水泥企业质量管理规程》所规定的编号、吨位数取样。水泥出厂前按同品种、同强度等级编号和取样。袋装水泥和散装水泥应分别进行编号和取样。每一编号为一取样单位。

（2）取样应有代表性，可连续取，亦可从 20 个以上不同部位取等量样品，总量至少 12kg。当散装水泥运输工具的容量超过该厂规定出厂编号吨数时，允许该编号的数量超过取样规定吨数。

（3）交货验收中所取样品应与合同或协议中注明的编号、吨位相符。对以抽取实物试样的检验结果为验收依据时，买卖双方应在发货前或交货地共同取样和签封，取样数量为 24kg；以生产者同编号水泥的检验报告为验收依据时，在发货前或交货时买方在同编号水泥中取样，双方共同签封，或认可卖方自行取样。

205. 对水泥检验和交货验收样品的制样和留样有哪些要求

（1）水泥试样必须充分拌匀并通过 0.9mm 方孔筛，并注意记录筛余物。

（2）抽取实物样交货验收的样品，经充分拌匀后缩分为二等份，一份由卖方保存 40d，另一份由买方按规定的项目和方法进行检验；以水泥厂同编号水泥的检验报告为验收依据时所取样品，双方共同签封后由卖方保存 90d，或认可卖方自行取样、签封并保存 90d 的同编号水泥的封存样。

（3）生产厂家内部封存样和买卖双方签封的封存样应用食品塑料袋封装，并放入密封良好的留样桶内。所有封存样品应放入干燥的环境中。

（4）留样及交货验收中的封存样都应有留样卡或封条，注明水泥品种、强度等级、编号、包装日期及留样人等；封条上应注明取样日期、封存期限、水泥品种、强度等级、出厂编号、混合材品种和掺量、出厂日期、签封人姓名等。

206. 在物理试验前，为何要将样品混合均匀

在水泥制成过程中，由于各种物料（如熟料、石膏和混合材等）成分及配比在不同的时间间隔内不完全一样，相应地引起水泥成分有所波动。如果试验前不将样品混合均匀，必然使所做试验失去代表性，达不到正常指导生产的目的。因此，在物理试验前，必须将样品混合均匀。

207. 熟料小磨试验如何操作

熟料取样后，先将其在破碎机上破碎至熟料粒度＜5mm。称量熟料 5kg，并

按要求加入适量石膏。然后将熟料倒入小磨中，按细度和比表面积要求确定粉磨时间。粉磨后，将样品从磨中倒出，用 0.9mm 方孔筛筛析，经搅拌后倒入样品桶中，贴上标签（标签上写明样品名称和粉磨时间以及样品生产日期）备用。

注：当熟料比表面积达不到要求时，需重新试验。

208. 如何制备胶砂

胶砂的质量配合比应为一份水泥、三份标准砂和半份水（水灰比为 0.5）。一锅胶砂制成三条试体，每锅材料需要量为通用硅酸盐水泥（450±2)g、标准砂（1350±5)g、水（225±1)mL。

当试验水泥从取样至试验要保持 24h 以上时，应把它贮存在基本装满和气密的容器里，这个容器应不与水泥起反应。标准砂使用中国 ISO 标准砂。

仲裁试验或重要试验用蒸馏水，其他试验可用饮用水。

水泥、砂、水和试验用具的温度与实验室相同，称量用的天平精度为±1g。当用自动滴管加 225mL 水时，滴管精度应达到±1mL。

每锅胶砂用搅拌机进行机械搅拌。先使搅拌机处于工作状态，然后按以下的程序进行操作：

把水加入锅里，再加入水泥，把锅放在固定架上，上升至固定位置。

然后立即开动机器，低速搅拌 30s 后，在第二个 30s 开始的同时均匀地将砂子加入，机器转至高速再拌 30s，停拌 90s，在第 1 个 15s 内用一胶皮刮具将叶片和锅壁上的胶砂刮入锅中间。在高速下继续搅拌 60s。各搅拌阶段，时间误差在±1s 以内。

209. 标准稠度用水量如何测定

（1）准备工作和净浆制备步骤

① 维卡仪的滑动杆能自由滑动；试模和玻璃底板用湿布擦拭，将试模放在底板上；调整至试杆接触玻璃板时指针对准零点；搅拌机运行正常。

② 称取 500g 水泥试样，并根据水泥的品种、混合材掺量、细度等，量取该试样达到标准稠度时大致所需的水量。

③ 搅拌锅和搅拌叶片先用湿布擦过，将拌合水倒入搅拌锅内，然后在 5～10s 内小心将称好的 500g 水泥加入水中，防止水和水泥溅出；拌和时，先将锅放在搅拌机的锅座上，升至搅拌位置，启动搅拌机，低速搅拌 120s，停 15s，同时将叶片和锅壁上的水泥刮入锅中间，接着高速搅拌 120s 停机。

（2）标准稠度用水量（标准法）操作方法

① 拌和结束后，立即取适量水泥净浆一次性将其装入已置于玻璃底板上的试模中，浆体超过试模上端，用宽约 25mm 的直边刀轻轻拍打超出试模部分的浆体 5 次，以排除浆体中的孔隙。

② 在试模上表面约 1/3 处，略倾斜于试模，分别向外轻轻锯掉多余净浆，

再从试模边沿轻抹顶部一次，使净浆表面光滑。在锯掉多余净浆和抹平的过程中，注意不要压实净浆。

③ 抹平后迅速将试模和底板移到维卡仪上，并将其中心定在试杆下，降低试杆直至与水泥净浆表面接触，拧紧螺钉 1～2s 后，突然放松，使试杆垂直自由地沉入水泥净浆中。在试杆停止沉入或释放试杆 30s 时记录试杆距底板之间的距离。升起试杆后，立即擦净，整个操作应在搅拌后 1.5min 内完成。

④ 以试杆沉入净浆并距底板（6±1)mm 的水泥净浆为标准稠度净浆。其拌和用水量为该水泥的标准稠度用水量（P），按水泥质量的百分比计。

（3）标准稠度用水量（代用法）可采用调整水量和不变水量两种方法中任一种测定，如发生争议时以调整水量法为准，操作方法简述如下：

① 拌和完毕，立即将净浆一次装入试模内，装入量比锥模容量稍多一点，但不要过多，然后用小刀插捣 5 次并轻振 5 次，排除净浆表面气泡并填满模内。

② 用小刀从模中心线开始分两下刮去多余的净浆，然后一次抹平后，并迅速放到试锥下固定位置上。

③ 将试锥降至净浆表面，拧紧螺钉，然后突然放松，让试锥自由沉入净浆中，到试锥停止下沉或释放试针 30s 时记录试锥下沉深度。整个操作应在搅拌后 1.5min 内完成。

④ 用调整水量方法测定时，以试锥下沉深度（30±1)mm 时的净浆拌和用水量为该水泥的标准稠度用水量（P），按水泥质量的百分比计。如下沉深度超出范围，需另称试样，调整水量，重新试验，直至达到（30±1)mm 为止。

⑤ 采用不变水量法测定时，拌和用水量为 142.5mL，水量准确至 0.5mL。根据试锥下沉深度 S（mm），按公式 $P=33.4-0.185S$ 计算得到标准稠度用水量。当试锥下沉深度小于 13mm 时，应改用调整水量方法测定。

210. 水泥的凝结时间是如何定义的？测定凝结时间如何操作

水泥的凝结时间分为初凝时间和终凝时间。初凝时间为水泥加水拌和起至水泥浆开始失去可塑性的时间；终凝时间为水泥加水拌和起到水泥浆完全失去可塑性并开始产生强度的时间。

测定凝结时间的操作步骤如下：

（1）将按标准稠度用水量检验方法拌制好的水泥净浆一次装入圆模，刮平，放入湿气养护箱。

（2）记录水泥全部加入水中的时间，并以此作为凝结时间的起始时间。加水后 30min，从养护箱内取出试件进行第一次测定。测定时，试件放至试针下面，使试针与净浆表面接触，拧紧螺钉 1～2s 后突然放松，使试针自由沉入净浆，观察试针停止下沉或释放试针 30s 时指针读数。最初测定时，应轻扶测定仪之金属棒，使其徐徐下降，以防试针撞弯。但最后仍以自由下落测得结果为准。

（3）临近初凝时间时每隔 5min（或更短时间）测定一次，当试针沉至距底板（4±1)mm 时为水泥达到初凝状态，从水泥全部加入水中至初凝状态的时间为水泥的初凝时间，用“min”来表示。

（4）初凝后把试针换为终凝针，同时立即将圆模连同浆体以平移的方法从玻璃板取下，翻转 180°，直径大端向上，小端向下放在玻璃板上，再放入湿气养护箱中继续养护，临近终凝时间时每隔 15min（或更短时间）测定一次，当试针沉入试体 0.5mm 时，即环形附件开始不能在试体上留下痕迹时，为水泥达到终凝状态，由水泥全部加入水中至终凝状态的时间为水泥的终凝时间，用“min”来表示。

211. 测定凝结时间试验中应注意哪些事项

（1）在最初测定的操作时，应轻轻扶持金属柱，使其徐徐下降，以防试针撞弯。但结果以自由下落为准。

（2）在整个测试过程中试针沉入的位置至少要距试模内壁 10mm。临近初凝时，每隔 5min（或更短时间）测定一次，临近终凝时每隔 15min（或更短时间）测定一次，到达初凝时立即重复测一次，当两次结论相同时才能确定到达初凝状态。到达终凝时，需要在试体另外两个不同点测试，确认结论相同才能确定到达终凝状态。每次测定不能让试针落入原针孔。

（3）每次测试完毕必须将试针擦净并将试模放回湿气养护箱内，整个测试过程要防止试模受振。

（4）可以使用能得出与标准中规定方法相同结果的凝结时间自动测定仪，有矛盾时以标准规定方法为准。

212. 水泥安定性试验操作方法（代用法）是什么

（1）从按标准稠度用水量标准试验步骤制成的净浆中取出一部分，分成两等份，使之成球形，放在涂油的玻璃板上，轻轻振动玻璃板。

（2）用湿布擦过的小刀，由边缘向中央抹，做成直径 70～80mm，中心厚约 10mm，边缘渐薄，表面光滑的试饼。

（3）将试饼放入湿气养护箱内养护（24±2)h。

（4）脱去玻璃板取下试饼，在试饼无缺陷的情况下将试饼放在沸煮箱水中的篦板上，在（30±5)min 内加热至沸并恒沸（180±5)min，然后取出检验。

213. 如何正确使用雷氏夹

雷氏夹结构单薄，受力不当容易产生变形，所以使用时应注意：

（1）脱模时用手给指针根部一个适当的力，可以使模型内的试块脱开而又不损害模型的弹性。

（2）脱模后应尽快用棉丝擦去雷氏夹试模黏附的水泥浆，顺着雷氏夹的圆环上下擦动，避免切口缝因受力不当而拉开。因故不能马上擦模时，可将雷氏夹在煤油中存放。

(3) 在一般情况下，雷氏夹使用半年后进行弹性检验。如果试验中发现膨胀值大于40mm或有其他损害时，应立即进行弹性检验，符合要求可以继续使用。

214. 如何鉴定水泥安定性是否合格

(1) 试饼法。水泥试饼经沸煮后，取出。目测试饼未发现裂缝，用钢直尺检查试饼也没有弯曲（使钢直尺和试饼底部紧靠，以两者间不透光为不弯曲）的试饼为安定性合格；反之为不合格。当两个试饼判别结果有矛盾时，该水泥的安定性为不合格。

(2) 雷氏夹法。脱去玻璃板取下试件，先测量雷氏夹指针尖端间的距离（*A*），精确至0.5mm，接着将试件放入沸煮箱水中的试件架上，指针朝上，然后在（30±5)min内加热至沸并恒沸（180±5)min。

测量沸煮后的雷氏夹指针尖端的距离（*C*），精确至0.5mm。当两个试件煮后增加距离（*C*—*A*）的平均值不大于5.0mm时，即认为该水泥安定性合格；当两个试件煮后增加距离（*C*—*A*）的平均值大于5.0mm时，应用同一样品立即重做一次试验，以复检结果为准，如果平均值超过5.0mm，则判定水泥安定性不合格。

215. 雷氏夹法试件成型操作时应注意的问题有哪些

(1) 成型时一只手轻轻扶持雷氏夹试模，即轻轻向下压住两根指针的焊点处，以使装浆时试模不产生移动，决不可用力捏雷氏夹而造成切口边缘重叠。

(2) 成型时按标准规定，插捣的位置不能集中在试模中心，应均匀插捣各个部位。

(3) 插捣力量不要太大，只要能使净浆充满试模并排出气泡即可，一般小刀插到雷氏夹试模高度的2/3部位即可。

(4) 插捣和刮平时，小刀必须保持光滑洁净，否则插捣时易将试模底部的浆带出来，同时也影响刮平效果。

(5) 刮平时小刀要略微倾斜，以使刮平面呈凸面，如果刮成平面，则试件养护24h表面将收缩成凹面。刮平时应由浆体中心向两边刮，最多不超过6次。

216. 制备强度试验试件的设备有哪些

(1) 搅拌机

搅拌机属于行星式，应符合《行星式水泥胶砂搅拌机》（JC/T 681—2005）要求。

我国推荐使用的ISO胶砂搅拌机在控制系统上分自动和手动两种功能，按《水泥胶砂强度检验方法（ISO法）》（GB/T 17671—1999）搅拌时应把所有的开关调向自动的位置。若不准备按GB/T 17671—1999规定程序搅拌时，应将切换开关（自动、手动）拨向手动，其他开关先拨在停位，搅拌时根据需要先后拨动各功能开关。

胶砂搅拌机的锅与叶片应配对使用，一只锅不能放在两台搅拌机上交替使用。叶片与锅的间隙（叶片与锅壁最近的距离）每个月应检查一次。

加砂斗是半透明的，可以看清内部附存情况。若有残存物应予清除并消除原因。加砂斗的开关是由电磁铁来实现的，在其打开时若有电噪声，是电磁铁的问题，一般用直流电时（进入端是交流，而使用部分是直流）就不会有这种噪声。把砂子倒入时应保证不外撒。

胶砂搅拌的整个过程中除静停时间外，一律不得用小刀放入锅内刮锅。静停的前15s应将叶片和锅壁上的胶砂刮入锅内，然后静停至90s，刮锅时搅拌锅可以取下刮，也可不取下刮，但刮完后锅必须放在搅拌机的搅拌位置上。

搅拌同品种水泥样品时，在更换样品时可以不擦洗锅，搅拌不同品种水泥时则应用湿布擦干净，但如为重要试验，每个样品试验前都应将锅洗净并用湿布擦干净。

（2）试模

试模由三个水平的模槽组成，可同时成型三条截面为40mm×40mm、长160mm的菱形试体，其材质和制造尺寸应符合《水泥胶砂试模》（JC/T 726—2005）要求。

当试模的任何一个公差超过规定的要求时，就应更换。在组装备用的干净模型时，应用黄油等密封材料涂覆模型的外接缝。试模的内表面应涂上一薄层模型油或机油。

成型操作时，应在试模上面加有一个壁高20mm的金属模套，当从上往下看时，模套壁与模型内壁应该重叠，超出内壁不应大于1mm。

为了控制料层厚度和刮平胶砂，应备有两个播料器和金属刮平直尺。

（3）振实台

振实台应符合《水泥胶砂试体成型振实台》（JC/T 682—2005）要求。振实台应安装在高度约400mm的混凝土基座上。混凝土体积约为0.25m^3，重约600kg。需防外部振动影响振实效果时，可在整个混凝土基座下放一层厚约5mm的天然橡胶弹性衬垫。

将仪器用地脚螺钉固定在基座上，安装后设备成水平状态，仪器底座与基座之间要铺一层砂浆以保证它们的完全接触。

217. 成型制备试件的操作步骤及注意事项有哪些

（1）成型制备试件的操作步骤

① 试模擦洗干净进行组装时，边缘两块隔板和端板与底座的接触面应均匀涂上一薄层黄油，并按编号组装，当组装好用固紧螺钉固紧时，一边固紧，一边用木槌锤击端板和隔板结合处，不仅使内壁各接触面互相垂直，而且要顶部平齐，然后用小平铲刀刮去三个格内被挤出来的黄油，以免成型试体的底侧面上留

下孔洞，最后均匀地刷上一薄层机油。

② 试模在振实台上的定位，实际上是由模套来完成的，当试模放在台盘上时将模套放下，使模套上的压把入位，模子与模套对齐，卡紧后模子就在台盘的中心，即振实台的振击点在模子的中心。

③ 用一个适当勺子直接从搅拌锅里将胶砂分两层装入试模，装第一层时，每个槽里约放 300g 胶砂，用大播料器垂直架在模套顶部沿每个模槽来回一次将料层播平，接着振实 60 次。再装入第二层胶砂，用小播料器拨平，再振实 60 次。移走模套，从振实台上取下试模，用一金属直尺以近似 90°的角度架在试模模顶的一端，然后沿试模长度方向以横向锯割动作慢慢向另一端移动，一次将超过试模部分的胶砂刮去，并用同一直尺以近似水平的方式将试体表面抹平。

④ 在试模上做标记或用字条标明试件编号和试件相对于振实台的位置。

⑤ 当使用代用的振动台［符合《水泥胶砂振动台》(JC/T 723—2005) 的要求，振幅为 0.75mm］成型时，操作如下：

在搅拌胶砂的同时将试模和下料漏斗卡紧在振动台的中心。将搅拌好的全部胶砂均匀地装入下料漏斗中，开动振动台，胶砂通过漏斗流入试模。振动 (120±5)s 停车。振动完毕，取下试模，用刮平尺以规定的刮平法刮其高出试模的胶砂并抹平。接着在试模上做标记或用字条标明试件编号。

(2) 注意事项如下：

① 试模连同下料漏斗放在振动台台面固定位置上，用两边的卡具同时卡紧，起振后不能松动。

② 经常检查下料漏斗三格的宽度要基本一致，如套模有胶垫圈，不得脱落。

③ 使用前首先开空车，观察振动是否正常，自开动机器起振动 2min 电机停车并由制动器自动控制电动机在 5s 内停止转动。发现运转不正常时，如启动不了、转动声音异常、碰擦等，应进行检查至振动正常后方可使用。

④ 在搅拌胶砂的同时，将试模和下料漏斗卡紧在振动台面固定位置上，将搅拌好的全部胶砂均匀地装入漏斗三格中，并将表面拨平，振动时使流入试模中的胶砂大致相等。

⑤ 下料时间的确定。开启振动台，从振动开始时算起，胶砂通过漏斗流入试模，到漏斗三格中的两格出现空洞时的时间即为该胶砂的下料时间。下料时间应控制在 20～40s。若下料时间超过 40s，可采用以下方法：a. 在 40s 前，用小刀划动漏斗三格中胶砂，以加速下料。b. 另拌一锅，同时加大下料口宽度，使下料时间在 20～40s。

218. 刮平操作应注意哪些事项

(1) 刮平操作一定要把试模放在水平的工作台上，直尺立架在试模顶部，然后从一端以拉锯的方式向另一端移动，将多余的胶砂逼向另一端，直至完全离开试模，锯割动作移动快慢速度要视砂浆的软硬程度、厚薄程度来定，接着将直尺擦干净，以近乎水平的方式将胶砂表面抹平，运动方向最好与锯割移动方向相反，水平的程度视胶砂干稀而定，干的要翘起一些，稀的要更平些，以刮平又不扰动或少扰动留下砂浆的状态为佳。

（2）试体刮平后不能马上编号，但要做编号的标记，标记应做到不会被丢失或替换。

219. 脱模应注意哪些事项

（1）检查是否到了脱模时间，并检查试体在编号时是否有差错，检查试体是否硬化，如未硬化则需要继续养护。在脱模前要清理编号标记。

（2）脱模时可使用脱模器，脱下的试体按编号和龄期分开堆放，并注意试体的外观，若同一龄期试体的颜色、质量等有差别时应查找原因。模子的端板与隔板要放在底板上，带黄油的面朝下。

（3）在将试体送去养护水池之前，必须核对强度成型记录本，由负责养护的人员在强度成型记录本上签字。

220. 如何进行湿气养护与脱模

（1）刮平以后试体连同试模一起移到养护箱中养护，要使湿空气能与试模各边接触，一直养护到规定的脱模时间取出脱模。除养护箱中的温度和湿度符合要求外，还应使养护箱的篦板成水平状态。在养护时不应把模型搭起来放置，若放置放热速度比较快的特种水泥试件时，还应控制养护箱中放置试件的数量，以免影响控温能力。

（2）试件的编号标识工作是在试件完成湿气养护以后。编号标识可以用防水墨汁书写，也可用管装油漆边挤边写，或可调数码印章印上，但无论采用哪一种方法，都应保证在水中养护时编号字迹不会消失。

（3）松开固紧螺钉，将试体连同隔板、端板推离模底到工作台上，用小胶皮槌先轻轻侧击两块端板头，脱下端板，然后用脱模器脱去隔板，若没有脱模器也可用小胶皮槌轻轻侧击隔板端处，脱下隔板。操作必须细心，防止试体损伤，不能锤击试体。

（4）将做好标识的试件立即水平或竖直地放在（20±1)℃水中养护，水平放置时刮平面朝上。

（5）试件放在不易腐烂的篦子上，并彼此间保持一定间距，以让水与试件的六个面接触。养护期间试件之间间隔或试体上表面的水深不得小于5mm。

（6）不宜用木篦子，以防止木头腐烂所产生的物质对水泥试件的影响。

（7）每个养护池只养护化学成分类似的水泥试件。

（8）最初用自来水装满养护池（容器），随后随时加水保持适当的恒定的水位。不允许在养护期间全部换水。每天成型的同种类试件可以放在一起养护，不同日期的不能放在一起养护。

(9) 任何到龄期的试体（24h 或 48h 延迟脱模的除外）应在试验（破型）前 15min 从水中取出。擦去试体表面沉积物，并用湿布覆盖至试验为止。

221. 试体养护过程中应注意哪些事项

(1) 成型后，试模应做好标记，放入养护箱内，温度控制在（20±1)℃，湿度不低于 90%；

(2) 养护箱内篦板必须水平；

(3) 脱模前先将试体做好标记，两个龄期以上的试体，应将同一试模中的三条试体分在两个以上龄期内；

(4) 脱模应非常小心。对于 24h 龄期的，应在破型前 20min 内脱模，对于 24h 以上龄期的，应在成型后 20～24h 之间脱模；

(5) 将做好标记的试体水平或竖直放入（20±1)℃水中养护，水平放置时，刮平面向上，彼此间保持一定间距，让水与试件的六个面接触，之间间隔和上表面水深不小于 5mm；

(6) 每个养护池只养护同类型的水泥试体，随时保持养护箱恒定水位，不允许在养护期内全部换水。

222. 试体成型及养护为何要严格控制温度

检验水泥品质时国家标准对实验室温、湿度，养护箱温、湿度以及养护水的温度都有明确的规定。这是因为，温、湿度对水泥的水化、凝结、硬化影响很大，一般来说，温度越高，水泥水化、凝结、硬化就越快，而且在不同的温度下水化产物的形态和性质也是不同的。湿度如过小，水泥水化受影响，水泥试体会产生干缩裂纹，引起表面破坏。为了使水泥检验结果具有可比性，就必须规定实验室的温、湿度条件，并且要求严格执行。

223. 简述水泥试体的抗折破型试验方法

(1) 试验前的准备工作

试验前首先检查抗折机是否处于正常状态。试体放入前，应使杠杆成平衡状态。擦拭夹具，清除附着物。

试体取出后，需用毛巾擦去表面的附着水分和砂粒，按试验编号排整齐，并用湿毛巾覆盖。

(2) 破型

将试体放入抗折夹具内，应使侧面与圆柱接触。试体放入后调整夹具，使杠杆在试体折断时尽可能地接近平衡位置。破型中须严格掌握破型速度，使其在（50±10）N/s 范围内。

(3) 计算

按下式计算：

$$R_f = \frac{1.5F_fL}{b^3}$$

式中　R_f——抗折强度（MPa）；

L——支撑圆柱之间的距离（mm）；

F_f——折断时施加于棱柱中部的荷载（N）；

b^3——棱柱体正方形截面的边长（mm）。

抗折强度结果以三块试体平均并计算至0.1MPa，当三个强度值中有超过平均值±10%时，应剔除后再平均作为抗折强度试验结果。

224. 抗折试验应注意哪些事项

（1）试验前抹去试体表面附着的水分和砂粒，检查试体两侧面气孔情况，试体放入夹具时，将气孔多的一面向上作为加荷面，尽量避免大气孔在加荷圆柱下，气孔少的一面向下作为受拉面。

（2）试体放入前，应使杠杆在不受荷的情况下成平衡状态，然后将试体放在夹具中间，两端与定位板对齐，并根据试体龄期和水泥强度等级，将杠杆调整到一定角度，使其在试体折断时杠杆尽可能接近平衡位置，如果第一块试体折断时，杠杆的位置高于或低于平衡位置，那么第二、三块试验时，可适当调节杠杆角度。

（3）加荷速度严格按照标准规定进行。

（4）折断后，取出两断块，按照整条试体形状放置，清除夹具表面附着的杂物。

225. 抗压强度试验应注意哪些事项

（1）检查三条试体抗折试验后六个断块的尺寸，受压面长度方向小于40.0mm的断块不能做抗压试验，应剔除。

（2）试验时将抗压夹具摆置在试验机压板中心，清除试体受压面与上下压板间的砂粒或杂物，以试体侧面为受压面。试体放入夹具时，长度两端超出加压板的距离大致相等，成型时的底面靠紧下压板的两定位销钉，以保证受压面的宽为40mm。

（3）加荷时规定按每秒（2.4±0.2）kN的速度，但在试体刚开始受力时，可小于规定的速度，以使球座有调整的余地，使加压板均匀压在试体面上。在接近破坏时，加荷速度应严格控制在规定的范围内，不能突然冲击加压或停顿加荷。

（4）试体受压破坏后取出，清除压板上附着的杂物。

226. 如何进行水泥试体的抗压破型试验

（1）试验前的准备工作

试验前首先检查压力机是否处于正常状态。包括压力机球座的润滑情况，压力机的升压情况。

试体经抗折破型后，须用毛巾擦去粘在试体表面上的砂子，按编号顺序排列整齐，并用湿毛巾覆盖。

（2）破型

抗折破型后的半截棱柱体放入抗压夹具内，在压力试验机上进行破型。应将半截棱柱体的侧面作为受压面，半截棱柱体中心与压力机压板受压中心差应在±0.5mm内，棱柱体露在压板外的部分约有10mm。

整个加荷过程中以（2400±200）N/s的速度均匀地加荷至破。

（3）计算公式

$$R_c = \frac{P}{S} = 0.625P$$

式中 R_c——抗压强度（MPa）；

P——破坏荷重（kN）；

S——受压面积，即40mm×40mm；抗压强度计算至0.1MPa。

计算以一组三个棱柱上得到的六个抗压强度测定值的算术平均值为测定结果。如六个测定值中有一个超过六个平均值的±10%，就应剔除这个结果，而以剩下五个平均数的结果为测定结果。如五个测定值中再有超出平均数±10%的，则此组结果作废。计算结果精确至0.1MPa。

经常检查成型室、养护箱的温湿度及养护池的水温，将其严格控制在标准范围内。

227. 用勃氏法测定水泥比表面积时试料层怎样制备？试验如何操作

（1）试料层制备方法

将穿孔板放入透气圆筒的突缘上，用细棒将一片滤纸送到穿孔板上，压紧边缘。称取一定量的水泥试样，精确到0.001g，放入圆筒。以水平方向轻轻摇圆筒，使水泥层表面平坦。然后在水泥层上铺一张圆形滤纸，用捣器均匀捣实试料，直至捣器的支持环紧紧接触圆筒顶边并旋转两周为止，慢慢取出捣器即可（滤纸不得重复使用）。

（2）比表面积试验操作步骤

① 把装有试料层的透气圆筒连接到压力计上，要保证紧密连接不漏气，不要使制备好的试料层受到振动。

② 打开微型电磁泵慢慢从压力计一臂中抽出空气，直到压力计内液面上升到扩大部下端时关闭阀门。

③ 关闭阀门后，由于液面水平差，即试料层两端的压力差，使空气通过试料层，压力计闭口端已升高的液面开始下降。

④ 当压力计内液体的凹月面下降到第一个刻度线时开始计时，当液体的凹月面下降到第二个刻度线时停止计时，记录液面从第一条刻度线到第二条刻度线

所需时间。以秒表记录，并记下试验时的温度。比表面积的计算按《水泥比表面积测定方法　勃氏法》（GB/T 8074—2008）规定进行。

228. 简述水泥密度试验如何操作

（1）将无水煤油注入李氏瓶中至"0mL"到"1mL"之间刻度线后（选用磁力搅拌时应加入磁力棒），盖上瓶塞放入恒温水槽内，使刻度部分浸入水中［水温应控制在（20±1）℃］，恒温至少 30min，记下无水煤油的初始（第一次）读数。

（2）从恒温水槽中取出李氏瓶，用滤纸将李氏瓶细长颈内没有煤油的部分仔细擦干净。

（3）称取在（110±5）℃温度下干燥 1h，并且是在干燥器内冷却至室温的水泥 60g，精确至 0.01g。用小匙将水泥样品一点点地装入李氏瓶中，反复摇动（亦可用超声波振动或磁力搅拌等），直至没有气泡排出，再次将李氏瓶静置于恒温水槽，使刻度部分浸入水中，恒温至少 30min。记下第二次读数。两次读数时，恒温水槽温差不大于 0.2℃。

（4）试验结果取两次测定结果的算术平均值，两次试验结果之差不大于 0.02g/cm³，结果精确至 0.01g/cm³，其计算公式如下：

$$\rho = \frac{m}{V}$$

式中　ρ——水泥密度（g/cm³）；

m——水泥质量（g）；

V——李氏瓶第二次读数与第一次读数之差（cm³）。

229. 水泥密度的测定应注意哪些事项

（1）李氏瓶首先要校准。

（2）李氏瓶在使用前必须刷净烘干。

（3）第一次读数和第二次读数时，恒温水槽的温度应当一致，温度差应不超过 0.2℃。

（4）水泥在装入李氏瓶前的温度应尽可能与瓶内无水煤油的温度一致。

（5）从恒温水槽中取出李氏瓶时，要用滤纸卷成筒状将李氏瓶细长颈内零点以上没有煤油的部分仔细擦干净。

（6）水泥装入李氏瓶时，应防止水泥黏附在上部无液体部分的瓶壁上或溅出瓶外。

（7）水泥装入李氏瓶后，要反复摇动（也可用超声波震动或磁力搅拌），至没有气泡排出，再将李氏瓶静置于恒温水槽中恒温至少 30min。摇荡时用力不要过猛，以防水泥粘在液面上部瓶壁或液体溅出瓶外。

（8）水泥密度值以两次试验结果的算术平均值为准，精确至 0.01g/cm³，两次试验结果误差不得超过 $0.02g/cm^3$。

(9) 读数时应以弯液面下部为准。

230. 提高凝结时间检验准确性的措施有哪些

(1) 严格按国家标准和操作规程进行操作。加水量应按标准稠度需水量确定，稠度仪试锥下沉深度接近 30mm 最佳，加水量过高可导致凝结时间偏长；测点以接近 1/2 半径圆内较好；试锥或试针应自由下落，避免外力作用。

(2) 严格控制养护室、养护柜温度、湿度，控制样品和试验用水温度，冬、春季应注意保温，低温环境下对水泥终凝时间影响较大。应防止流动空气吹过被测圆模。

(3) 定期对检验设备进行检查、校正，维卡仪的标尺应平正、垂直。试针在多次测试后，会出现一定的弯曲。因此，在测试前，可将一张规格为 75g 的复印白纸画一条直线，放在试针背面、转换角度，观察试针与直线是否重叠。

231. 水泥净浆标准稠度用水量和水泥胶砂流动度的异同点有哪些

水泥净浆标准稠度用水量是指将水泥拌制成特定的塑性状态时所需的拌和用水量与水泥质量之比，用百分数表示。水泥胶砂流动度是指灰砂比 1∶3.0 水泥胶砂加水拌和后，在特制的跳桌上进行振动，测量胶砂扩散后底部直径，用"mm"表示。两者都是表示水泥的需水性，前者多用于水泥净浆，后者多用于水泥砂浆和混凝土。

232. 简述水泥胶砂流动度的测定方法

(1) 跳桌检查。跳桌如在 24h 内未被使用，先空跳一个周期 25 次。

(2) 试样称量。胶砂材料用量按相应标准要求或试验设计确定，准确称量水泥及标准砂。水量按预定的水灰比进行计算。

(3) 胶砂制备。将称好的水与水泥倒入搅拌锅内，开动搅拌机，低速 30s，再低速 30s，同时自动开始加砂并在 20～30s 内全部加完，高速 30s，停 90s，高速 60s，自开动机器起拌和 240s 后停车。将粘在叶片上的胶砂刮下，取下搅拌锅。

(4) 装模。装模前先用潮湿棉布擦拭跳桌台面、试模内壁、捣棒以及与胶砂接触的用具，将试模放在跳桌台面中央并用潮湿棉布覆盖。将搅拌好的水泥胶砂迅速分两层装入模内，第一层装至截锥圆模高度约三分之二之处，用小刀在相互垂直的两个方向各划 5 次，用捣棒由边缘至中心均匀捣压 15 次。随后，装第二层胶砂，装至高出截锥圆模约 20mm，用小刀在相互垂直两个方向各划 5 次，再用捣棒由边缘至中心均匀捣压 10 次。捣压后，胶砂应略高于试模。捣压深度，第一层捣至胶砂高度的二分之一；第二层捣实不超过已捣实底层表面。装胶砂或捣压时，用手扶稳试模，不要使其移动。

(5) 测试。捣压完毕，取下模套，用小刀倾斜从中间向边缘分两次以近水平的角度抹去高出截锥圆模的胶砂，并擦去落在桌上面的胶砂。将截锥圆模垂直向上轻轻提起。立即开动跳桌，以每秒钟一次的频率，在（25±1）s 内完成 25 次跳动。跳动完毕，用卡尺测量胶砂底面互相垂直的两个方向直径，计算平均值，取整数，单位为 mm，该平均值即为该水量的水泥胶砂流动度。

（6）记录所测试结果。从胶砂加水开始到测量扩散直径结束，应在 6min 内完成。

233. GB 175 规定胶砂强度检验时胶砂流动度为多少？达不到应该如何调整

《通用硅酸盐水泥》（GB 175）规定，用水量在 0.50 水灰比的基础上以胶砂流动度不小于 180mm 来确定。当水灰比为 0.50 且胶砂流动度小于 180mm 时，需以 0.01 的整数倍递增的方法将水灰比调整至胶砂流动度不小于 180mm。

234. 测定水泥胶砂流动度的目的是什么？使用胶砂流动度跳桌时应注意哪些事项

水泥胶砂流动度是衡量水泥需水性的重要指标之一，是水泥胶砂可塑性的反映。用流动度来控制用水量，能使胶砂物理性能的测试建立在准确可比的基础上。用流动度来控制水泥胶砂强度成型加水量，所测得的水泥强度与混凝土强度间有较好的相关性，更能反映实际使用效果。

试验测定前应注意以下事项：

（1）使用前要检查推杆与支承孔之间能否自由滑动，推杆在上下滑动时应处于垂直部分的落距为（10±0.2）mm，质量（4.35±0.15）kg，否则应调整推杆上端螺纹与圆盘底部连接处的螺纹距离。

（2）跳桌应固定在坚固的基础上，台面保持水平，台内实心，外表抹上水泥砂浆。

（3）跳桌在 24h 内未被使用，先空跳一个周期 25 次。

（4）检验周期 12 个月，安装好的跳桌用水泥胶砂流动度标准样品进行检定。

235. 水泥强度检验的意义是什么

水泥强度是水泥重要的物理力学性能之一，是硬化的水泥石能够承受外力破坏的能力。根据受力形式的不同，水泥强度的表示方法通常有抗压、抗折两种，它们之间有着内在的联系。由于在水泥混凝土中主要使用抗压强度，因此水泥强度一般由水泥的 28d 抗压强度来表示。

水泥强度等级一般由水泥两个龄期的强度指标来划分，水泥达到某一强度等级，除要求该水泥的 28d 抗压强度达到规定的强度值外，还要求达到其他龄期规定的强度值。通过检验水泥强度，一方面可确定水泥强度等级，评价水泥质量的好坏，另一方面可为设计水泥混凝土强度等级提供依据。

236. 在强度检验中，加水量的多少和胶砂搅拌时间的长短对试验结果有何影响

在一定范围内，加水量少，试验结果偏高，反之结果偏低；胶砂搅拌时间缩短，早期强度结果偏低，反之早期强度偏高。

237. 国家标准对强度试验试体的龄期是怎样规定的

试体龄期是从水泥加水搅拌开始试验时算起，不同龄期强度试验在下列时间里进行：

24h±15min

48h±30min

72h±45min

7d±2h

＞28d±8h

238. 使用电动抗折试验机应注意哪些事项

（1）电动抗折试验机应安装在牢固的工作台面上，必须保持水平，防止杠杆比发生变化。如杠杆比大于规定值，将导致抗折强度偏高，反之则偏低。国家标准要求其示值相对误差不超过±1%，使用中不超过±2%，示值相对变动度不超过±1%，检定周期12个月。

（2）定期检查灵敏度：杠杆灵敏度越高，越能正确反映抗折强度。检查杠杆灵敏度，可采用以下方法：将杠杆调到平衡后，拨动杠杆使其上下摆动，摆动次数越多，其灵敏度越高，并能自动恢复平衡位置。《水泥胶砂电动抗折试验机》（JC/T 724—2005）规定的检定方法：平衡后在杠杆右端点处放1g砝码，杠杆失去平衡，端点下降距离应大于支点到端点距离的2%。

（3）检查抗折夹具是否合格：抗折夹具合格与否对抗折强度的影响很大。夹具不合格主要表现在：其一，上下夹具未对正，使试块除了受到拉、压外，还受到扭力作用，从而使强度降低。其二，有球座但不灵活，在抗折试验时，不能自由调整，同样受到扭力作用使抗折强度降低。其三，两个支撑圆柱不在同一水平面上；加荷圆柱未处于两支撑圆柱的中央与其平行。其四，圆柱不活动，固定圆柱比活动圆柱其抗折强度试验结果高4%～10%。

239. 与比表面积法比较，筛析法测定水泥细度有哪些缺点

测定水泥细度，筛析法比较简单，分离较粗的颗粒比较合适，但要测定较细的粉末颗粒，筛析法不能正确地反映其真实的细度。与比表面积法比较，它有以下缺点：

（1）筛析用的筛子，其孔径大小有一定的限度，特别是对于小于30μm的颗粒，测不出其具体含量，而小于30μm的颗粒正是对水泥强度发挥影响较大的颗粒。

（2）由于水泥颗粒形状不规则，颗粒级配变化较大，不能从筛析结果上看出水泥的真正细度。

（3）0.080mm 方孔筛筛余量相同的水泥，其颗粒级配不一定相同，比表面积相差较大，与其强度难以获得一定的相关关系。

240. 水泥比表面积测定应注意哪些事项

（1）P·Ⅰ、P·Ⅱ硅酸盐水泥空隙率一般为 0.500±0.005，其他水泥或粉料空隙率选用 0.530±0.005，不能压至规定位置时允许改变空隙率。

（2）水泥试样应先通过 0.9mm 方孔筛，再在（110±5）℃下烘干，并在干燥器中冷却至室温。

（3）仪器要进行漏气检查，确认不漏气后再使用。在使用中要防止仪器各部分漏气，保证仪器的气密性。

（4）透气仪的 U 形压力计内水的液面应保持在压力计最下面一条环形刻线上，如有损失或蒸发，应及时补充。

（5）试验时穿孔板的上下面应与测定料层体积时的方向一致，以防由于仪器加工精度不够而影响圆筒体积大小，从而导致测定结果不准确。

（6）穿孔板上的滤纸，应是与圆筒内径相同、边缘光滑的圆片。穿孔板上滤纸片如比圆筒内径小时，会有部分试样粘于圆筒内壁高出圆板上部；当滤纸直径大于圆筒内径时会引起滤纸片皱起，使结果不准。每次测定需用新的滤纸片。

（7）试料层体积的测定，至少应进行二次。每次应单独压实，二次数值相差不超过 0.005cm^3时取二者平均值，并记录测定过程中圆筒附近的温度。每隔一季度至半年应重新校正试料层体积。

（8）用捣器捣实时，捣器支持环必须与圆筒上边接触并旋转两周，以保证料层达到一定厚度。

（9）在用抽气泵抽气时，不要用力过猛，应使液面徐徐上升，以免水损失。

（10）为避免圆筒与压力计连接处漏气，可先在圆筒下锥面涂一薄层活塞油脂，然后把它插入压力计顶端锥形磨口处，旋转两周。

（11）如果使用的滤纸品种、质量有波动，或者调换穿孔板时，应重新标定圆筒体积和标准时间。

（12）测定时应尽量保持温度不变，以防止空气黏度发生变化而影响测定结果。

241. 影响水泥密度的因素有哪些

影响水泥密度的因素主要有：熟料矿物组成和煅烧程度，水泥储存条件和时间，混合材料的种类和掺加量等。

（1）由于硅酸盐水泥熟料中各种矿物的密度不同，其熟料矿物组成的变化，将影响水泥的密度。熟料主要矿物的密度见表 2-10。

表 2-10　熟料主要矿物的密度

矿物	C_3S	C_2S	C_3A	C_4AF	f-CaO
密度（g/cm^3）	3.25	3.28	3.04	3.77	3.34

（2）储存条件和时间在一定程度上影响水泥的密度，这是由于水泥中密度较大的 f-CaO 吸收了空气中的水分和二氧化碳，产生了密度较小的 $Ca(OH)_2$（密度 2.23g/cm^3）和 $CaCO_3$（密度 2.71g/cm^3）。

（3）常用混合材料的密度均小于熟料密度；掺有混合材料的水泥，其密度均低于硅酸盐水泥。因此水泥密度不仅与熟料主要矿物的密度有关，还与混合材料的种类和掺加量有关。

242. 封存水泥样品时使用食品塑料薄膜袋的原因是什么

为了防止水泥吸潮、风化，水泥留样时要求用食品塑料薄膜袋装好，并扎紧袋口，放入留样桶中密封存放。食品塑料薄膜袋不同于非食品塑料薄膜袋。非食品塑料薄膜袋上有一层增塑剂，它们大多系挥发性很强的脂类化合物。如将它用于水泥留样包装，这种可挥发性的有机物就会吸附在水泥颗粒表面上，形成一层难透水的薄膜，阻隔水泥颗粒与水的接触，降低水泥的水化反应能力，使水泥强度下降。而食品塑料薄膜袋上则没有这种带挥发性的增塑剂。所以要求水泥留样应用食品塑料薄膜袋包装，而不能用非食品塑料薄膜袋。

243. 水泥物理性能试验允许误差的范围如何

水泥物理检验项目允许误差范围见表 2-11。

表 2-11　水泥物理检验项目允许误差范围

项　目		同一实验室允许试验误差	不同实验室允许试验误差	误差类型
水泥密度（g/cm^3）		±0.02	±0.02	绝对误差
水泥比表面积（%）		±2.0	±5.0	相对误差
水泥 45μm 筛筛余（%）	筛余≤20.0	±1	±1.5	绝对误差
	筛余>20.0	±2	±2.5	绝对误差
水泥 80μm 筛筛余（%）	筛余≤5.0	±0.5	±1.0	绝对误差
	筛余>5.0	±1.0	±1.5	绝对误差
标准稠度用水量（%）		±3.0	±5.0	相对误差
凝结时间（min）	初凝时间	±20	±25	绝对误差
	终凝时间	±30	±45	绝对误差
抗折强度（%）		±7.0	±9.0	相对误差
抗压强度（%）		±5.0	±7.0	相对误差

续表

项　　目		同一实验室允许试验误差	不同实验室允许试验误差	误差类型
水化热（J/g）		±12	±18	绝对误差
白度（%）		±0.5	±1.5	绝对误差
胶砂流动度（mm）		±5	±8	绝对误差
油井水泥稠化时间（min）		±5	±8	绝对误差
生料细度（%）	80μm 筛余	±1.0	—	绝对误差
	200μm 筛余	±0.5	—	绝对误差

244. 水泥试验用的标准砂的要求是什么

（1）ISO 基准砂

ISO 基准砂是由德国标准砂公司制备的 SiO_2 含量不低于 98%的天然的圆形硅质砂组成，其颗粒分布在表 2-12 规定的范围内。

表 2-12　ISO 基准砂颗粒分布

方孔边长（mm）	累计筛余（%）
2.0	0
1.6	7±5
1.0	33±5
0.5	67±5
0.16	87±5
0.08	99±1

砂的筛析试验应用有代表性的样品来进行。每个筛子的筛析试验应进行至每分钟通过量小于 0.5g 为止。

砂的湿含量是在 105～110℃下用代表性砂样烘 2h 的质量损失来测定，以干基的质量百分数表示，应小于 0.2%。

（2）中国 ISO 标准砂

中国 ISO 标准砂完全符合 ISO 基准砂颗粒分布和湿含量的规定，可以单级包装，也可以各级预配合以（1350±5）g 量的塑料袋混合包装，但所用塑料袋不得影响试验结果。

245. 已知水泥样品质量，如何外加石膏

例：已知熟料中 SO_3 含量为 0.80%，石膏中 SO_3 含量为 45.60%，水泥中掺加熟料 68.00%，矿渣混合材 27.00%，石灰石混合材 5.00%。现欲制含 SO_3 为 2.20%的水泥样品 6kg，问需外加石膏多少千克？（矿渣、石灰石中的 SO_3 忽略不计）

解： 设加石膏 x kg。

由题意可列方程：

$$6\times68\%\times0.80\%+x\times45.6\%=(6+x)\times2.20\%$$

解得：$x=0.229$（kg）

答： 需外加石膏 0.229kg。

246. 水泥混合材活性试验方法的具体内容是什么

《用于水泥混合材的工业废渣活性试验方法》（GB/T 12957—2005）规定了水泥混合材活性试验的方法，该方法适用于水泥混合材的工业废渣活性试验，也可作为其他水泥混合材的活性试验。其主要内容如下：

（1）潜在水硬性试验

将在 105～110℃下烘干的水分小于 1%，然后磨细至 80μm 方孔筛筛余为 1%～3%的工业废渣与细度在 1%～3%的符合《天然石膏》（GB/T 5483—2008）的二级以上品质的二水石膏，按质量比 80∶20 或 90∶10 的比例制成（300±1）g 试验样品，按《水泥标准稠度用水量、凝结时间、安定性检验方法》（GB/T 1346—2011）试验方法确定的标准稠度用水量配制成净浆试饼。试饼在温度（20±1)℃、相对湿度大于 90%养护箱内养护 7d 后，放入（20±1)℃水中浸水 3d，观察浸水试饼形状，如果其边缘保持清晰完整，则认为工业废渣具有潜在水硬性。

（2）火山灰性试验

用同样制备的工业废渣与 105～110℃下烘干的水分小于 1%、80μm 方孔筛筛余不大于 3%的硝石灰按质量比 80∶20 比例制成 300g 试样，按潜在水硬性试验步骤进行试验。试饼浸水 3d 后，其边缘保持清晰完整，则认为工业废渣具有火山灰性。

（3）水泥胶砂 28d 抗压强度比定量试验

准备硅酸盐水泥，质量要求：安定性合格、28d 抗压强度大于 42.5MPa、比表面积（350±10）m^2/kg、SO_3 含量在（2.00±0.50)%。在硅酸盐水泥中加入 30%的工业废渣细粉，用其 28d 抗压强度与该硅酸盐水泥 28d 抗压强度进行比较，计算其抗压强度比 K，以确定其活性高低。

抗压强度比按下式计算，计算结果保留至整数。

抗压强度比
$$K=\frac{R_1}{R_2}\times100\%$$

式中 K——抗压强度比（%）；

R_1——掺工业废渣后的试验样品 28d 抗压强度（MPa）；

R_2——对比样品 28d 抗压强度（MPa）。

247. 简述水泥与减水剂相容性试验方法（代用法）净浆流动度法操作步骤

（1）水泥浆体配合比：水泥 300g，水 87g 或 105g，相应掺量的减水剂。使用液态减水剂时要在加水量中减去液态减水剂的含水量。

（2）每锅浆体用搅拌机进行机械搅拌。试验前使搅拌机处于工作状态。

（3）将玻璃板置于工作台上，并保持其表面水平。

（4）用湿布把玻璃板、圆模内壁、搅拌锅、搅拌叶片全部润湿。将圆模置于玻璃板的中心位置，并用湿布覆盖。

（5）将减水剂和约 1/2 的水同时加入锅中，然后用剩余的水反复冲洗盛装减水剂的容器，直至干净并全部加入锅中，加入水泥，把锅固定在搅拌机上，按《水泥净浆搅拌机》（JC/T 729—2005）的搅拌程序搅拌。

（6）将锅取下，用搅拌勺边搅拌边将浆体立即倒入置于玻璃板中间位置的圆模内。对于流动性差的浆体要用刮刀进行插捣，以使浆体充满圆模。用刮刀将高出圆模的浆体刮除并抹平，立即稳定提起圆模。圆模提起后，应用刮刀将黏附于圆模内壁上的浆体尽量刮下，以保证每次试验的浆体量基本相同。提取圆模 30s 后，用卡尺测量最长径及其垂直方向的直径，两者的平均值即为初始流动度值。

（7）快速将玻璃板上的浆体用刮刀无遗留地回收到搅拌锅内，并采取适当的方法密封静置以防水分蒸发。

（8）清洁玻璃板、圆模。

（9）若减水剂在此掺量下净浆流动度不够，重复上述步骤，测定调整掺量后的初始流动度值。

（10）自加水起到 60min 时，将静置的水泥浆体按 JC/T 729 的搅拌程序重新搅拌，重复步骤（6），测得即为 60min 流动度值。

2.2 三级/高级工

2.2.1 三级生产过程控制部分

248. 写出比耳定律的表达式

比耳定律的表达式为：

$$\frac{I}{I_0} = e^{-kcl}$$

式中 I_0——入射光每秒钟每平方厘米的强度；

I——透射光的强度（以 $1cm^2$ 截面积计）；

c——溶液中荧光物质的浓度（$mol \cdot L^{-1}$）；

l——液层厚度（cm）；

k——吸光系数（$L\cdot mol^{-1}\cdot cm^{-1}$）。

249. 光谱分哪几种

根据光谱的性质，采用不同的技术设备而获得的光谱可分为：发射光谱、吸收光谱、荧光光谱、塞曼光谱、拉曼光谱等。

250. 什么是线光谱、带光谱、连续光谱、电离电位、激发电位、共振线、自吸和自蚀

（1）线光谱。气态物质中的原子或离子被激发后，发射出来的只是某些一定波长的光。利用光谱可得如图 2-1 所示的光谱图。这种光谱是由许多细小线条所组成的，称为线光谱。

（2）带光谱。带光谱是气态分子被激发后所产生的光谱。带光谱是由许多带与暗区相隔所组成（图 2-2），而这些光带则是由一些波长非常靠近的谱线所组成。

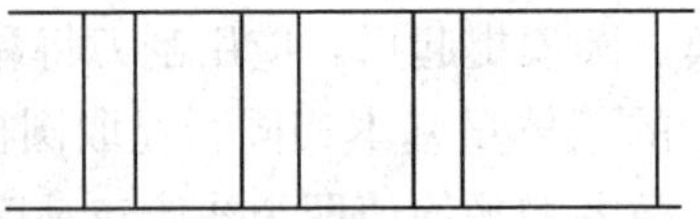

图 2-1　线光谱

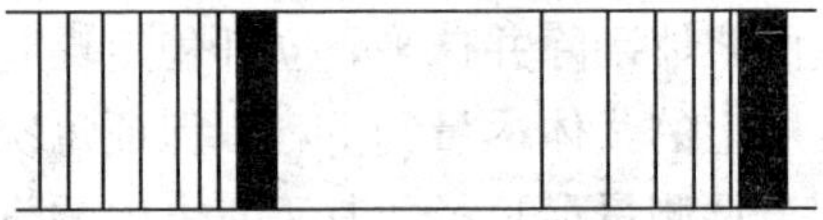

图 2-2　带光谱

（3）连续光谱。在整个光谱区内没有谱线界限的光谱叫作连续光谱。

（4）电离电位。原子电离所需要的电离能比使原子激发的能量大时，这个使原子变为离子所需的最低能量称为电离电位。

（5）激发电位。原子的外层电子由低能级激发到高能级所需的能量。

（6）共振线。共振线是原子由激发态跃迁至基态而产生的线谱。

（7）自吸。原子在高温时被激发，发射某一波长的谱线，而低温状态的原子能吸收这一波长的辐射，这种现象称为自吸现象。

（8）自蚀。自吸现象严重时，谱线中心的辐射完全被吸收称为自蚀。

251. 什么是角色散率、线色散率、分辨率

（1）角色散率。角色散率用$\frac{d\theta}{d\lambda}$表示，也就是两条波长相差 $d\lambda$ 的光线被分开角度的大小。

（2）线色散率。当波长相差 $d\lambda$ 的两条谱线，在感光板上距离为 dl 时，$\frac{dl}{d\lambda}$称为线色散率。

（3）分辨率。假若两条谱线的平均波长为 λ，当它们的波长之差达到 $\Delta\lambda$ 时刚好能被辨认清楚，则分辨率 R 为：

$$R=\frac{\lambda}{\Delta\lambda}$$

实际上，分辨率以每毫米谱板中所拍摄的能被分辨清楚的谱线数目来表示。

252. 光谱项符号有什么意义

原子中电子所处的能量状态可由四个量子数来规定。这种能量状态常称为能级。

在光谱工作中用光谱项符号表示：

$$n^{M}L_{J}$$

式中 n——主量子数；

L——总角量子数，用符号 s、p、d、f…依次表示 $L=0$、1、2、3、…；

M——表示谱线多重性的符号，它与核外电子的总自旋量子数有关。由于介电子以外的内部电子的子旋都互相抵消了，所以，M 只与介电子的总自旋量子数 S 有关。多重性 $M=2S+1$；

J——内量子数，它取决于 L 及 S 两个量子数，由于 L 为整数，S 有时为整数，有时为分数，所以 J 值有整数和分数，$J=L+S$。

253. X 射线有什么特征

X 射线是一种电磁波。X 射线的特性是它的高能量，这就是它能够穿透固体材料的原因，也是其他射线所不能比拟的。X 射线的范围在电磁光谱的波长范围是 0.1～200Å（$1Å=10^{-10}m$）。在这个范围内，0.1～20Å 的部分用于 X 射线光谱仪，这主要取决于所要分析的元素的 X 射线范围（如 Fe—3Å，Na—11Å）。

254. 在 X 射线光谱中波长与能量有什么关系

在 X 射线光谱中，利用波长和能量这两个术语来解释 X 射线。能量和波长的关系由下式给出：

$$E=\frac{h \cdot c}{\lambda}$$

式中 E——能量（keV）；

λ——波长（Å）；

c——光速（m/s）；

h——普朗克常数。

由上式可看出，能量 E 与波长 λ 成反比，能量 E 随波长 λ 的减少而增加。

255. 影响谱线强度的因素有哪些

影响谱线强度的因素主要有：

（1）激发电位。激发电位越大，谱线强度就越小；

（2）跃迁概率。跃迁概率与谱线强度成正比；

（3）统计权重。统计权重与谱线强度成正比；

（4）激发温度。谱线的强度并不是随温度越高而越大，而是各有其最合适的温度，在最合适的温度时，谱线强度最大；

（5）基态原子谱线强度与元素的浓度有一定关系，光谱定量分析就是根据这一关系而建立起来的。

256. 简述流动气体计数器的结构和工作原理

流动气体计数器由一个金属圆柱和一根通过光柱的导线组成。这根导线是计数器的阳极，它带有大约1500V的电压。圆柱接地，并且内部充满稳定的气体，通常为90%氩气和10%的甲烷气体。在计数器内壁上装有低吸收性（1～6μm厚）且导通的塑料窗。这样电离后的气体分子将在计数器中形成一个电流或脉冲（电压峰值），脉冲的大小与吸收的X射线的能量成正比。

通过计数器的气体必须保持恒压、恒温。这种计数器用于测定轻元素（C～Si）。

257. 分别简要解释基体效应主要包括哪几种

基体效应主要包括颗粒效应、矿物效应和元素效应。

颗粒效应是指样品粉末颗粒度、颗粒分布、颗粒形状，以及颗粒内部不均匀性引起的物理效应。

矿物效应是指因为物质化学成分虽然相同但结晶条件不同而造成晶体结构的差异所引起的一种物理——化学效应。

元素效应是指某元素的荧光X射线不仅依赖于本身的含量，而且还依赖于试样中的其他元素或基体元素的性质和含量。

258. 根据一组生料的粉磨时间和对应的计数率数据如何确定最佳粉磨时间

经检测，生料的粉磨时间和对应的计数率数据见表2-13，试确定最佳粉磨时间。

表 2-13　样品粉磨时间与化学成分计数率的对应关系

粉磨时间（min）	SiO_2	Al_2O_3	Fe_2O_3	CaO
1	34.2	17.18	6.22	268.2
2	34.6	16.76	6.31	267.1
3	35.5	16.65	6.38	265.9
4	35.8	16.54	6.46	265.0
5	36.2	16.52	6.52	264.1
6	36.3	16.49	6.56	263.9
7	36.4	16.49	6.57	263.8
8	36.4	16.49	6.56	263.8

试验条件：磨机HSM 100，50cm^3；生料15g加1滴TEA；荧光仪MAF-2100，在50kV、40mA，检测时间20s。

根据表 2-13 中数据画出计数率（纵坐标）与粉磨时间（横坐标）的关系图，如图 2-3 所示。

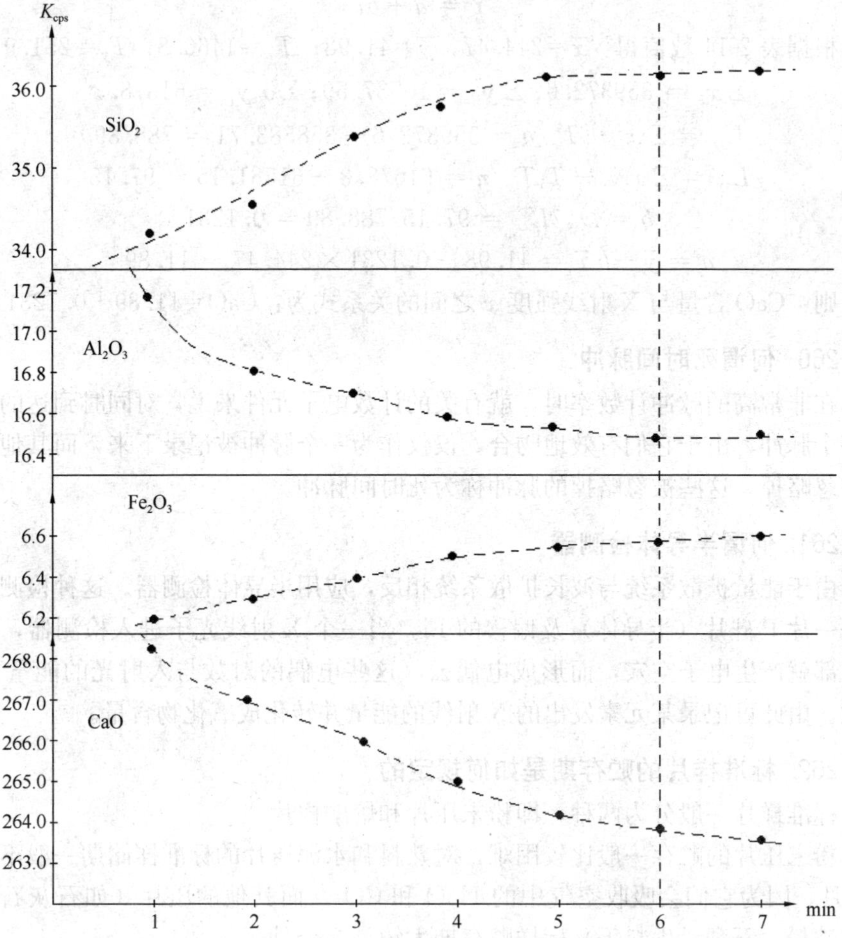

图 2-3　计数率与粉磨时间的关系

由图 2-3 可看出最佳粉磨时间为 6min。

259. CaO 的含量与 X 射线计数率之间的线性关系如何计算

利用 6 个生料标准样对仪器进行校准，其 CaO 的含量与 X 射线强度数据见表 2-14。

表 2-14　CaO 的含量与 X 射线计数率数据

样号	1	2	3	4	5	6
CaO 标准含量	42.05	43.66	41.25	43.49	39.46	41.99
X 射线计数率（K_{cps}）	244.9	258.4	237.6	256.3	224.3	245.3

根据以上数据计算 CaO 的含量与 X 射线计数率之间的线性关系（校准曲线）。设 CaO 的含量与 X 射线计数率 x 之间的线性关系为：

$$Y = a + bx$$

根据表 2-14 数值得：$\overline{x}=244.47$；$\overline{y}=41.98$；$T_x=1466.8$；$T_y=251.9$

$$\sum x_i^2 = 359372.6; \sum y_i^2 = 10587.59; \sum x_i y_i = 61678.3$$

$$L_{xx} = \sum x_i^2 - T_x^2/n = 359372.6 - 358583.71 = 788.89$$

$$L_{xy} = \sum x_i y_i - T_x T_y/n = 61678.3 - 61581.15 = 97.15$$

$$b = L_{xy}/L_{xx} = 97.15/788.89 = 0.1231$$

$$a = \overline{y} - b\overline{x} = 41.98 - 0.1231 \times 244.47 = 11.89$$

则：CaO 含量与 X 射线强度 x 之间的关系式为：$CaO=11.89+0.1231x$。

260. 何谓死时间脉冲

在非常高的脉冲计数率时，就有关的计数电子元件来说，对同时到达的两个或多个脉冲，由于它们有效地吻合，仅仅作为一个脉冲被记录下来，而其他的脉冲被忽略掉，这些被忽略掉的脉冲称为死时间脉冲。

261. 何谓半导体检测器

由于能量扩散系统与波长扩散系统相反，应用半导体检测器。这种检测器本身是一片 P 硅片（半导体）及偏移的 Li。当一个 X 射线光子进入检测器，半导体内部就产生电子空穴，而形成电偶云，这些电偶的对数与入射光的能量 E 成正比。由此可记录某元素发出的 X 射线的能量并转化成氧化物含量。

262. 标准样片的贮存期是如何规定的

标准样片一般分为两种，即粉末压片和熔融样片。

粉末压片的贮存一般比较困难，对熟料和水泥压片的标准样储期一般不超过 3 个月。因为它们会吸收空气中的 H_2O 和 CO_2。而其他的压片（如石灰石、黏土、铁粉、石膏、生料等）标样贮存期大约是 3 个月。

对熔融样片的标样，因为其比较稳定，可以贮存一年以上。

263. 对 X 射线分析仪引起偶然误差的因素是什么

偶然误差的起因主要来自 X 射线仪本身。例如，X 射线管和向 X 射线管提供能源的高压发生器。其他偶然误差来自设备，包括仪器设备参数的机械预设置，像分光晶体、检测器、电压和脉冲高度选择器等。在典型的系统中，这些误差很小，不超过 0.1%。由统计计算所产生的误差是真正的偶然误差。

264. 如何监控荧光分析仪的准确性

使用一个或多个样片（一般为玻璃熔片，或其他稳定材料，如纯金属片），对仪器老化（X 光管、探测器等）而引起的漂移进行监测。用这些样片的测定结果与初始测定结果之差，计算一个校准系数，对试样的测定结果进行校正。仪器随时间的变化产生的漂移应很小且有规律。如果强度突然下降，说明仪器出了问题，应采用另外的方式进行校正（重校）或对仪器进行检查。

265. X射线荧光分析是如何得出各元素氧化物含量的？写出常用的转换关系式，这些关系式在什么条件下适用

X射线荧光分析是一种比较法，从X射线分析仪测量所得结果是一个计数，以后要把它转换成氧化物的百分数，这是按一个物理关系转换的。

常用的氧化物含量和X射线强度（计数）转换表达式如下：

$$OX_i\% = A + B\,I_i$$
$$OX_i\% = A + B\,I_i + C\,I_i^2$$
$$OX_i\% = A + B\,I_i + C\,I_i$$
$$OX_i\% = A + B\,I_i + C\,I_i\,I_j$$

这里OX_i表示x元素的氧化物百分含量，A、B、C为常数，I_i、I_j是i元素和j元素的测量数。A、B、C是通过测量一定数量（不少于6个）的已知氧化物含量的标准样品测定的。

如果一个未知样品的元素含量正好在标准样品的元素范围内，就能利用上列公式将测量强度转换成氧化物百分数，然而，如果待分析的未知样品的元素含量超出标准样品含量范围，分析结果就不准确。

式$OX_i\%=A+B\,I_i$是应用最普遍的一种，应用于元素含量较少的材料，如生料、石灰石、水泥、熟料。也可用于全部材料，但必须进行标定检验，此式要求的标准样品较少。

式$OX_i\%=A+B\,I_i+C\,I_i^2$所得的检量线是一曲线，这个公式常用于材料中元素含量变化较大的情况，这里消除了质量吸收效应。也用于高强度（计数）元素，用来消除检测器死时间对测量结果的影响。例如：检测黄铁矿中的Fe，纯石灰石、熟料和水泥中的Ca等。

式$OX_i\%=A+B\,I_i+C\,I_i$用于有干扰元素影响的情况下，尤其是Ca对Mg和P的线覆盖。

$$MgO\% = A + B\cdot I_{Mg} - C\cdot I_{CaO}$$

对P也同样：

$$P_2O_5\% = A + B\cdot I_P - C\cdot I_{CaO}$$

式$OX_i\%=A+BI_i+C\,I_iI_j$用于校正吸收增强效应，例如Fe使Ca的强度增强，产生一个额外的强度，这里就必须减去：

$$CaO\% = A + B\cdot I_{Ca} - C\cdot I_{CaO}\cdot I_{Fe}$$

相反，Fe的射线被Ca吸收，减少了Fe的测量强度，则：

$$Fe_2O_3\% = A + B\cdot I_{Fe} + C\cdot I_{CaO}\cdot I_{Fe}$$

266. 硅酸盐水泥熟料的化学组成和三率值的关系是什么

硅酸盐水泥熟料主要由CaO、SiO_2、Al_2O_3、Fe_2O_3四种氧化物组成，还含

有少量氧化物如：MgO、SO_3、Na_2O、K_2O、TiO_2、P_2O_5等。硅酸盐水泥熟料的三率值是硅酸率、铝氧率和石灰饱和系数。化学组成与三率值的关系是：

① 硅酸率表示水泥熟料中 SiO_2 与 Al_2O_3 及 Fe_2O_3 的和的比值，通常用 n 或 SM 表示：

$$n = \frac{SiO_2}{Fe_2O_3 + Al_2O_3}$$

② 铝氧率是水泥熟料中 Al_2O_3与 Fe_2O_3的比值，通常用 P 或 IM 表示：

$$P = \frac{Al_2O_3}{Fe_2O_3}$$

③ 石灰饱和系数是水泥数量中总的氧化钙含量减去饱和酸性氧化物所需氧化钙的量后，所剩下的氧化钙与理论上二氧化硅全部化合成硅酸三钙所需的氧化钙的量之比，简单地说，石灰饱和系数表示了二氧化硅被氧化钙饱和成硅酸三钙的程度，数学表达式如下：

当 $P \geqslant 0.64$ 时，熟料中的矿物为 C_3S、C_2S、C_3A、C_4AF，计算公式如下：

$$KH = \frac{CaO - (1.65\ Al_2O_3 + 0.35Fe_2O_3 + 0.7SO_3) - \text{f-CaO}}{2.8SiO_2}$$

当 $P < 0.64$ 时，熟料中的矿物为 C_3S、C_2S、C_3A、C_4AF，计算公式如下：

$$KH = \frac{CaO - (1.1\ Al_2O_3 + 0.7Fe_2O_3 + 0.7SO_3) - \text{f-CaO}}{2.8SiO_2}$$

267. 当 $P > 0.64$ 时，石灰饱和系数（KH）、硅率（n）、铝氧率（P）的物理意义是什么

石灰饱和系数（KH）表示熟料中硅酸二钙被氧化钙饱和形成硅酸三钙的程度，当熟料中游离石灰保持稳定时，一般石灰饱和系数高，则熟料中的硅酸三钙含量便高，否则相反。

硅率（n）表示熟料中氧化硅含量与氧化铝、氧化铁含量之和的质量比，也即表示熟料中硅酸盐矿物与熔剂矿物含量的质量比。硅酸率高而硅酸盐矿物也相应含量高，否则相反。

铝氧率（P）表示熟料中氧化铝含量与氧化铁含量的质量比。铝氧率高，则熟料中的铝酸盐矿物含量也相应高，否则相反。

268. 水泥生产为什么要进行生料配料

水泥的质量主要取决于所用熟料的质量，而熟料的质量则取决于其化学成分是否适应良好的岩相结构。因而要得到优质熟料，就必须根据各种原料的化学成分按配料方案的要求进行有比例的原材料配料，以达到烧制优质熟料所必需的化学成分要求，因而水泥生产必须进行生料配料。

269. 如何提高水泥组分定量测定的准确性

（1）试样必须过 150μm 方孔筛。

（2）取、用干燥的砂芯漏斗时，应戴上干净、干燥的手套，不能用手直接接触。

（3）移动干燥后的砂芯漏斗时，要放在干燥器内移动，以防吸水和意外带入其他杂物。

（4）玻璃砂芯漏斗要用热的盐酸（1+5）和水洗涤干净后，抽滤一下检查是否清洗干净。

（5）称量水、酸的量筒不得混用。

（6）搅拌子不能用磁子，应用铁丝加外包装的专用搅拌子。

（7）过滤时等上次洗涤液漏完后再进行下一次洗涤。过滤应迅速，硝酸溶液选择溶解后不溶渣含量的测定时，过滤时间超过20min（包括洗涤），应重做该试验；EDTA溶液选择溶解后不溶渣含量的测定时，如果过滤时间超过30min（包括洗涤），应重做该试验。

270. 如何提高钙铁硫仪分析的准确性

（1）试样要进行粉磨。粉磨时要加入适当的助磨剂（如三乙醇胺），要确定粉磨的最佳时间和助磨剂的最佳加入量；

（2）制作料饼时，要确定合适的压力和稳压时间；

（3）拨料器拨料要均匀，以防料饼不同位置的密度不同；

（4）当配料的原材料发生变化时，要对检量线重新标定；

（5）每天要用标准样对检量线进行验证，及时对B值（截距）进行调整。

271. *LSF*与*KH*的区别及其应用条件是什么

（1）区别

① 计算式不同，分别见下公式：

$$LSF=\frac{CaO}{2.8SiO_2+1.18Al_2O_3+0.65Fe_2O_3}\times 100$$

$$KH=\frac{CaO-(1.65Al_2O_3+0.35Fe_2O_3+0.7SO_3)-f\text{-}CaO}{2.8SiO_2}$$

② 应用范围不同。我国水泥企业普遍采用石灰饱和系数（*KH*）来控制水泥熟料的生产，世界大部分国家（如欧美等）采用李派克石灰饱和度（*LSF*）来控制水泥熟料生产。

③ *KH*实际上指的是“化学饱和”程度，当$KH=1$时，石灰含量在化学上已达到最大的饱和，SiO_2和Al_2O_3都被结合在最高碱度和矿物（C_3S和C_3A）中。此时若再增加石灰量，就是真正多余的了，即使在理想条件下，所增加的石灰量也只能以游离状态存在。

④ *LSF*则是指在工业条件下石灰的饱和程度。当$LSF=100$时，石灰含量在工业条件下达到最大的饱和。而在化学反应上并未达到最大饱和；此时，如能使燃料的烧成制度更趋于化学反应的埋想条件，仍可增加少量石灰而不会产生游

离石灰。

（2）应用条件

LSF 应用在 Al_2O_3 含量比较高时（如高于5.20%），当熟料中 Al_2O_3 含量较低，KH 与 $\frac{LSF}{100}$ 值很接近，此时两者无多大差别。

272. 水泥活性混合材料用粉煤灰理化性能要求是什么

（1）烧失量，不大于8.00%；

（2）含水量，不大于1.00%；

（3）三氧化硫，不大于3.50%；

（4）游离氧化钙，C类粉煤灰不大于4.00%；F类粉煤灰不大于1.00%；

（5）二氧化硅、三氧化二铝和三氧化二铁总质量分数，C类粉煤灰不小于50.0%；F类粉煤灰不小于70.0%；

（6）密度，不大于2.6g/cm^3；

（7）安定性，雷氏夹沸煮后增加距离不大于5.0mm（仅对C类粉煤灰有规定）；

（8）强度活性指数，不小于70.0%。

273. 造成熟料中f-CaO偏高的原因是什么

（1）配料方面：KH 值过高，使 CaO 未能全部被 C_2S 吸收生成 C_3S；或因原料中结晶 SiO_2 含量高，使生成硅酸盐矿物的反应困难；

（2）出磨生料细度粗，煅烧时反应速度减慢，反应不完全；

（3）生料均化不好，造成入窑生料 CaO 波动大，烧成困难，物料反应不完全；

（4）煤粉质量差，灰分高，细度大，水分大，发热量低，燃烧不好，煅烧温度低，物料反应不完全，升重低；

（5）配煤不足，煅烧温度不够；

（6）经常停窑或煅烧操作失误，造成窑内热工制度不稳定；

（7）生料中含碱质成分高；

（8）用风不足，还原气氛较浓；

（9）熟料冷却得慢，致使 C_3S 部分转化成 C_2S 而析出 CaO；

（10）结圈、掉窑皮，窑内热工制度不稳定，煅烧不正常，造成熟料中f-CaO偏高。

274. 水泥粉磨质量控制要求有哪些

（1）水泥磨喂料设备应配备精度符合配料需求的计量设备，并建立定期维护和校准制度。发生断料或不能保证物料配比准确性时，应立即采取有效措施予以纠正。

(2) 熟料、石膏、混合材料和水泥助磨剂等入磨物料的配比应按化验室下达的通知进行，并有相应的记录。

(3) 粉磨中改品种或强度等级由低改高时，应用高强度等级水泥清洗磨和输送设备，清洗的水泥全部按低强度等级处理，并做好相应的记录。

(4) 入磨熟料温度应控制在100℃以下。

(5) 出磨水泥温度不高于135℃。超过此温度应停磨或采取降温措施，防止石膏脱水而影响水泥的性能。

275. 水泥中掺加混合材料有哪些优缺点

水泥中掺加混合材料有如下优点：

(1) 改善水泥性能，生产不同品种水泥；

(2) 调节水泥强度等级，合理使用水泥；

(3) 节约熟料，降低能耗；

(4) 综合利用工业废渣；

(5) 增加水泥产量，降低生产成本。

水泥中掺加混合材料也有一些缺点，如使生产控制复杂化，早期强度有所降低，低温性能较差等。

276. 通用硅酸盐水泥包装有何要求

水泥可以散装或袋装，袋装水泥每袋净含量为50kg，且应不少于标志质量的99%；随机抽取20袋总质量（含包装袋）应不少于1000kg。其他包装形式由买卖双方协商确定，但有关袋装质量要求，应符合上述规定。水泥包装袋应符合《水泥包装袋》(GB/T 9774) 的规定。

277. 通用硅酸盐水泥的出厂水泥标志有何规定

水泥包装袋上应清楚标明：执行标准、水泥品种、代号、强度等级、生产者名称、生产许可证标志（QS）及编号、出厂编号、包装日期、净含量。硅酸盐水泥和普通硅酸盐水泥包装袋两侧应采用红色印刷或喷涂水泥名称和强度等级。矿渣硅酸盐水泥、火山灰质硅酸盐水泥、粉煤灰硅酸盐水泥和复合硅酸盐水泥包装袋两侧应采用黑色或蓝色印刷或喷涂水泥名称和强度等级。

散装发运水泥时应提交与袋装标志相同内容的卡片。

2.2.2 三级分析检验部分

278. 简述玻璃量器的校准方法，校准时应注意的事项有哪些

(1) 玻璃量器的校准方法

在定量分析中，为消除由量器不准确所造成的系统误差，保证分析结果准确度，必须对所使用的量器进行校准，剔除误差较大的量器，对误差在一定范围内

的量器，测定出其校正值。

量器的校准，A级、A_2级量器采用衡量法，B级采用容量比较法。移液管和容量瓶如配套使用时，可采用相对校准法。

衡量法需使用水密度的总校正值（表2-15）。用与校正温度相对应的总校正值除以在该温度下由某一容器放出的水的质量，即得到该量器在20℃时的真正容积。

表2-15 水密度的总校正值

温度（℃）	校正值	温度（℃）	校正值	温度（℃）	校正值
0	0.99824	14	0.99804	28	0.99544
1	0.99832	15	0.99793	29	0.99518
2	0.99839	16	0.99780	30	0.99491
3	0.99844	17	0.99766	31	0.99408
4	0.99848	18	0.99751	32	0.99434
5	0.99850	19	0.99735	33	0.99405
6	0.99851	20	0.99718	34	0.99375
7	0.99850	21	0.99700	35	0.99344
8	0.99848	22	0.99680	36	0.99312
9	0.99844	23	0.99660	37	0.99280
10	0.99839	24	0.99638	38	0.99246
11	0.99832	25	0.99617	39	0.99212
12	0.99823	26	0.99593	40	0.99177
13	0.99814	27	0.99569		

例：在25℃校正某250mL容量瓶，称量其容纳的水质量249.14g，计算该容量瓶在20℃时的容积。

解：由表2-15，查得25℃时的校正值为0.99617，则该容量瓶在20℃时的真正容积为$V_{20}=249.14/0.99617=250.10$（mL）

（2）量器进行容量校准时应注意的事项

① 被检量器必须充分清洗，当水面下降（或上升）时与器壁接触形成正常弯月面，水面之上器壁不应有挂水点等沾污现象。

② 水和被检量器的温度尽可能接近室温，温度测量精确至0.1℃。

③ 校准滴定管时，充水至最高标线以上约5mm处，然后慢慢地将液面准确地调至零位，旋开旋塞，按规定的流出时间让水流出，当液面流至距被检分度线上约5mm处时，等待30s。然后在10s内将液面准确地调至被检分度线上。

④ 校准无分度吸管时，水自标线流至口端不流时再等待15s，此时管口还保留一定的残留液。

⑤ 校准完全流出式分度吸管时同上。校准不完全流出式分度吸管时，水自最高标线流至最低标线上约 5mm 处，等待 15s，然后调至最低标线。

⑥ B 级量器的校准采用容量比较法，即将被检量器的容量与准确的量器进行比较。

a. 滴定管的校准

滴定管使用前必须使用衡量法进行校准，将待校准的滴定管仔细洗涤干净，连同蒸馏水放在天平室内一段时间，使其与室温达到平衡，用校准过的温度计准确测量蒸馏水的温度，将带塞的 50mL 锥形瓶洗净，外部擦干，在天平上称出其质量（精确至 0.01g）。往洗净的滴定管中装满蒸馏水，调整至 0.00 刻度。然后往上述已称过质量的锥形瓶中，以每分钟不超过 10mL 的流速，放入 10mL 水（不必恰好等于 10mL，但相差也不得大于±0.1mL），盖紧塞子，称出“瓶＋水”的质量，此两次质量之差即为放出水之质量。

用同样的方法称量滴定管中 0 到 20mL、0 到 30mL 直至 0 到 50mL 等刻度间的水的质量，用实验温度时 1mL 水的质量（表 2-16）除每次得到的水的质量，即可得到相当于滴定管各刻度间容积的实际毫升数。

在以后标定溶液和测定试样时，滴定管中标准滴定溶液应从零刻度开始，即与校准时相同，以减小误差。计算时，应用校正值对放出的溶液体积进行校正。

b. 移液管的校准

与滴定管的校准方法相同，采用衡量法。

c. 容量瓶的校准

容量瓶一般与移液管配套使用，通常采用两者之间的相对校准法。

洗净 1 支 25mL 移液管（已校准），再取清洁、干燥的 250mL 容量瓶 1 只，用移液管准确移取 10 次纯水，连续放入容量瓶中。然后观察容量瓶中水弯月面的最低点是否与标线相切。如不相切，则另在容量瓶上做出标记。

经相互校准后，此容量瓶应与校正用的移液管配套使用。

279. 电子天平有哪些特点

(1) 电子天平支点采用弹簧片，不需要机械天平的宝石、玛瑙刀与刀承，取消了升降框等装置，采用数字显示方式替代指针刻度式显示，以及采用体积小的大集成电路，所以，电子天平具有寿命长、性能稳定、灵敏度高、体积小、操作方便、安装容易和维护简单等优点。

(2) 电子天平采用电磁力平衡原理，称量时全量程不用砝码，放上物体后几秒钟内达到平衡，显示读数，可使称量速度快，精度高，准确度好。

(3) 电子天平还具有自动校正、累计称量、超载指示故障报警、自动去皮重等功能。

(4) 电子天平具有质量信号输出，可以与打印机、计算机连用，可以实现称量、记录、打印、计算等自动化，它具有RS232C标准输出接口，同时也可以与其他分析仪器联用，实现从样品称量、样品处理、分析检验到结果处理、计算等全过程的自动化，极大地提高了生产效率。

280. 分析用纯水如何制备？分析用纯水的保存应注意哪些事项

（1）制备

① 蒸馏法。将天然水用蒸馏水器蒸馏，冷凝即得到蒸馏水。但其纯度不高，如进行精密的定量分析时要用二次蒸馏水或离子交换水。

② 离子交换法。应用离子交换树脂分离出水中杂质、离子，得到的纯水称为离子交换水或去离子水。去离子水纯度比一般蒸馏水高，这种纯水多为化验室采用。

（2）保存注意事项

① 装纯水的容器本身要清洁，特别是容器内壁，必须刷洗干净。

② 纯水瓶口要随时盖上盖子，以免灰尘落入。

③ 纯水旁不得放置挥发性物质，如浓盐酸、氨水等。

④ 取用纯水时，要用专用导管且其内外壁要干净。

281. 离子交换树脂如何处理再生

强酸性阳离子树脂出厂时一般为钠型，在使用时必须先用酸处理成氢型，用过的树脂（主要是钙型）也必须用酸进行再生，使其重新转变成氢型以继续使用，树脂的处理（或再生）通常使用盐酸，酸的浓度为（1+3），反应式为：

$$\text{R-SO}_3\text{Na}+\text{H}^+\longrightarrow\text{R-SO}_3\text{H}+\text{Na}^+$$

$$\text{Ca}\ (\text{R-SO}_3\text{H})_2+2\text{H}^+\longrightarrow 2\text{R-SO}_3\text{H}+\text{Ca}^{2+}$$

树脂的处理方法有静态法和动态法两种。

（1）静态法。静态法是将树脂浸泡在盐酸溶液（1+3）中，有时还用搅拌器搅拌，由于树脂与溶液处于同一容器，从树脂上交换下来的阳离子又有重新回到树脂上的可能，所以当到达平衡时一部分树脂仍为盐型，而不能转变为氢型，故树脂的品位得不到保证。

（2）动态法。使用动态法处理树脂之前，如为干燥树脂，应预先用水浸泡7～8h，或过夜，使树脂的网眼结构用水充满，这样用酸淋洗时，即可迅速地进行交换。如为已用过的旧树脂，先用适当筛孔的筛子筛除水泥粉，再用上次处理树脂时接取的后半部分盐酸将水泥粉溶解，用水漂洗，然后装入离子交换柱中（离子交换柱的直径为60～70mm，长度为1m，底部有漏板，上下两端有进出口管，材质为有机玻璃），将离子交换柱的底端活塞关闭，加入58cm高的水，将树脂加入柱内，则水柱自漏板向上形成最密堆积，一直加树脂到离上管口15cm处，树脂上部要始终保持5cm水柱，整个装柱过程树脂部分要始终有水，否则会产生气泡，影响树脂交换。装好树脂以后，盖上顶部的塞子，使进口管与装有盐酸溶液（1+3）的下口试剂瓶下口管相连，打开贮液瓶下口管的活塞，使盐酸溶液与交换柱相通，由于贮液瓶与离子交换柱之间是密封的，离子交换柱底部活塞又是关闭的，所以盐酸不会流出。打开离子交换柱的下口管，使交换柱内的盐酸溶液以 10mL/min 的速度流出，使其自行进行动态交换。盐酸的用量，一般为全部树脂理论量的 3～4 倍，如欲再生 500g 001×7 强酸性苯乙烯阳离子交换树脂，若用盐酸（1+3）处理，理论耗酸 375mL，而实际耗酸 1125～1500mL。当流出液体达到 700mL 时，流出的酸的浓度已达 2mol/L 以上，所以应予保留，以供下次处理树脂时使用。用盐酸洗涤完后，用水淋洗时树脂体积会明显膨胀，有可能胀破离子交换柱，所以应采取逆洗方式，这样可使柱内挤压比较结实的树脂层松动，调整了树脂的填充状态，又可使树脂中的悬浮物溢流出去。逆洗用水速度 10～20mL/min，洗至无氯离子为止（用硝酸银检验）。处理好的树脂，将水沥干，将潮湿状态的树脂贮存在塑料瓶中，密封保存。

282. 标准滴定溶液对被测物质滴定度的计算方法是什么

滴定度（T）是指 1mL 标准滴定溶液相当于被测物质的质量（g），用 $T_{A/B}$ 表示，B 表示标准滴定溶液中溶质的分子式，A 表示被测物质的分子式。$T_{A/B}$ 称为标准滴定溶液 B 对被测物质 A 的滴定度，单位为 mg/mL 或 g/mL，例如：

$$T_{Fe_2O_3/K_2Cr_2O_7}=0.0005608\text{mg/mL}$$

即表示测定时，每消耗 1mL 这种 $K_2Cr_2O_7$ 标准滴定溶液，就相当于试样中含有 0.0005608g Fe_2O_3。

若 $V_B=1.00$mL，则 m_A 即为与 1.00mL 标准滴定溶液相互作用的被测物质 A 的质量，亦即标准滴定溶液 B 对被测物质 A 的滴定度 $T_{A/B}$。

所以：

$$T_{A/B}=m_A/V_B=c_BM_A\times10^{-3}(\text{g/mL})=c_BM_A(\text{mg/mL})$$

式中 M_A——被测物质的摩尔质量，g/mol（若基本单元的选择不同，则 M_A 的值也不同）；

c_B——标准滴定溶液浓度，mol/L。

283. 已知标准滴定溶液的浓度，如何求被测物质的滴定度

例： 求浓度为 c（EDTA）＝0.02000mol/L 的 EDTA 标准滴定溶液对 CaO 和 Fe_2O_3 的滴定度。

解： EDTA 与钙离子和铁离子分别形成 1∶1 的配合物，根据等物质的量反应规则：

$$n(\text{EDTA})=n(\text{CaO})=n\left(\frac{1}{2}Fe_2O_3\right)$$

已知：$M(\text{CaO})$ ＝56.08g/mol，$M\left(\frac{1}{2}Fe_2O_3\right)$＝1/2×159.69g/mol，则：

$$T_{CaO/EDTA} = c(EDTA)M(CaO) \times 10^{-3}$$
$$= 0.02000 \times 56.08 \times 10^{-3}$$
$$= 0.001122 g/mL$$
$$= 1.122 mg/mL$$
$$T_{Fe_2O_3/EDTA} = c(EDTA)M(Fe_2O_3) \times 10^{-3}$$
$$= 0.02000 \times 1/2 \times 159.69 \times 10^{-3}$$
$$= 0.001597 g/mL$$
$$= 1.597 mg/mL$$

284. 配制标准滴定溶液所需溶质质量或体积的计算方法有哪几种？举例说明

配制标准滴定溶液所需溶质质量或体积的计算方法有两种：

(1) 由固体试剂配制

溶液中溶质 B 的物质的量的计算：

$$n_B = c_B V$$

溶液中溶质 B 的质量的计算：

$$m_B = n_B M_B = c_B V M_B$$

例： 欲配制 5L　$c(Na_2S_2O_3) = 0.0300 mol/L$ 的硫代硫酸钠溶液，需称取多少克 $Na_2S_2O_3 \cdot 5H_2O$(摩尔质量为 248.0995g/mol)？

解： 需称取 $Na_2S_2O_3 \cdot 5H_2O$ 的质量为：

$$m = c_B V M_B = 0.0300 \times 5 \times 248.0995 = 37.2\ (g)$$

(2) 由浓溶液加水稀释配制

将浓溶液加水稀释时，稀释前后溶液中所含溶质的物质的量不变，其计算式：

$$c_{浓} V_{浓} = c_{稀} V_{稀}$$

故应量取浓溶液的体积为：

$$V_{浓} = V_{稀} c_{稀} / c_{浓}$$

例： 欲配制 6000mL $c(HCl) = 0.5 mol/L$ 盐酸溶液，需量取多少毫升 $c(HCl) = 12 mol/L$ 盐酸溶液？

解： $V_{浓} = V_{稀} c_{稀} / c_{浓} = 6000 \times 0.5/12 = 250$ (mL)

所以量取 250mL　12mol/L 盐酸溶液，加水稀释至 6000mL，即得 0.5mol/L 盐酸溶液。

285. 什么是基准物质？对基准物质有什么要求？常用基准物质有哪几种

能用于直接配制或标定标准滴定溶液的物质称为基准物质，它应符合如下要求：

（1）纯度要高，杂质含量少至可以忽略不计。如基准碳酸钙试剂的纯度为99.99%；

（2）成分组成一定与化学式一致，要易于干燥，便于准确称量；

（3）化学性质稳定，不易被空气氧化，使用时无副反应发生，不易吸收空气中的水和二氧化碳；

（4）其分子量应尽量大些，以减少称量误差。

滴定分析中，常用的基准物质主要有如下几种：

酸碱滴定中用无水碳酸钠（Na_2CO_3）、邻苯二甲酸氢钾（$KHC_8H_4O_4$，简写KHP）、硼砂（$Na_2B_4O_7 \cdot 10H_2O$）、碳酸氢钠（$NaHCO_3$）等。

配位滴定中用碳酸钙（$CaCO_3$）、锌（Zn）等。

286. 几种常用酸有哪些性质

（1）盐酸。在硅酸盐系统分析中，利用盐酸的强酸性氯离子的配位性，可以分解石灰石、白云石、菱镁矿以及品质较好的水泥熟料及水泥试样，例如用氯化铵重量法测定水泥熟料中的二氧化硅时，若试样中不溶物含量小于0.2%，则可用盐酸分解试样，分离除去二氧化硅后所得到的溶液可用来测定铁、铝、钙、镁等组分。

（2）磷酸。磷酸在200～300℃是一种很强的溶剂，因在该温度下磷酸变成焦磷酸，具有很强的配位能力，能溶解不为盐酸、硫酸分解的硅酸盐、硅铝酸盐、铁矿石等矿物试样，但在系统分析中，溶液中有大量的磷酸存在是不适宜的，会干扰配位滴定法对铁、铝、钙、镁的测定，会干扰铁矿石生料中铁的快速测定、萤石中氟的蒸馏法测定、水泥中硫酸盐三氧化硫的还原碘量法测定等。

（3）氢氟酸。氢氟酸是弱酸，但具有很强的配位能力，与硫酸混合，可分解绝大多数硅酸盐矿物，使用氢氟酸-硫酸分解试样的目的，通常是为了测定除二氧化硅以外的其他组分，二氧化硅则以四氟化硅的形式挥发。加入硫酸的目的是可以防止试样中的钛、锆、铌与氟生成挥发性化合物而损失，同时利用硫酸的沸点（338℃）高于氢氟酸（120℃）的特点，加热除去剩余的氢氟酸，以防止铁、铝等形成稳定的氟配合物而无法进行测定。

（4）其他酸。硝酸具有强酸性和强氧化性，溶解能力强而且速度快。

热的浓硫酸具有强氧化性和脱水性，能分解铬铁矿。

热的高氯酸具有强氧化性和脱水性。

这几种酸主要用于分解某些矿物或某种元素单独测定，对于一些较难分解的硅酸盐试样常使用混合酸，如盐酸与硫酸、盐酸与硝酸、氢氟酸与高氯酸等，使用高氯酸要特别小心，加热时如遇有机物会发生爆炸。

287. 缓冲溶液的种类有哪几种

缓冲溶液可分为两类：标准缓冲溶液和一般酸碱缓冲溶液。

标准缓冲溶液是由规定浓度的某些逐级离解常数相差较小的单一两性物质，或由不同形体的两性物质所组成。标准缓冲溶液的pH值是在一定温度下准确地经过试验确定的，表2-16列出了几种常用的标准缓冲溶液的pH实验值。标准缓冲溶液用作测量溶液pH值的参照溶液，即当用酸度计测量溶液的pH值时，用标准缓冲溶液来校正仪器。

表2-16 几种常用的缓冲溶液的pH实验值

pH标准溶液	pH（实验值，25℃）
饱和酒石酸氢钾（0.034mol/L）	3.56
邻苯二钾酸氢钾（0.05mol/L）	4.01
0.25mol/L KH_2PO_4 0.25mol/L Na_2PO_4	6.86
硼砂（0.01mol/L）	9.18

288. 缓冲溶液如何选择和配制

在选用缓冲溶液时，应考虑选择缓冲能力较大的缓冲溶液，其选择原则有以下几点：

（1）缓冲溶液对分析过程应没有干扰。

（2）组成缓冲溶液的酸pK_a值应接近于需要控制的pH值，即$pK_a \approx pH$；如果是由酸式盐组成的缓冲溶液，则$\frac{1}{2}$（$pK_a + pK_b$）$\approx$pH（pK_b为弱碱溶液的pH值）。这样，在分析过程所需要控制的pH值则在缓冲溶液的缓冲范围之内。

（3）缓冲溶液的缓冲能力要足够大。因此要求缓冲溶液的两种组分的浓度要适当大，且以1∶1或适当比例混合。简单缓冲体系的配方，是利用缓冲溶液pH值计算的公式计算得到的。

（4）高浓度的强酸或强碱溶液也具有调节酸度的作用。这是由于溶液中H^+或OH^-的浓度本来就很高，故外加少量酸或碱不会对溶液的酸度产生太大的影响，在这种情况下，强酸强碱也是缓冲溶液。在实际工作中，强酸和强碱主要用来控制高酸度（pH<2）和高碱度（pH>12）时溶液的酸度。例如，在配位滴定法中，利用HCl（1+1）溶液调节被测溶液的pH值为1.8测定Fe_2O_3的含量；利用200g/L的KOH溶液调节被测溶液的pH≥13测定CaO的含量。

289. 如何配制KB指示剂

由于各厂生产的酸性铬蓝K指示剂质量不可能完全一样，为获得敏锐的终点颜色变化，每进一批均应通过试验来确定其最佳配比。

方法是：先按酸性铬蓝K与萘酚绿B为1∶2.5的比例配好，再用50倍硝酸钾研细混匀。准确称取在105～110℃烘干过的生料标准样0.5g，碱熔后制备成 250mL 溶液，分取出 25mL 分别做钙、镁含量分析，根据标准样 CaO、MgO 标准值计算出滴定 EDTA 标准滴定溶液的用量，观察其用量±0.05mL 范围内变色是否敏锐。如变色不明显，需再调整酸性铬蓝 K 与萘酚绿 B 的比例。如果仍有残余红色，则应适量增加萘酚绿 B 的用量，如终点提前则应适量增加酸性铬蓝 K 的用量。配好研细混合，重复钙、镁含量分析过程，直至能在根据标准值计算出来 EDTA 标准溶液的用量的±0.05mL 范围内，获得敏锐的蓝色变色终点为止。

290. 什么是金属指示剂的封闭、僵化和变质现象

(1) 金属指示剂的封闭：某些金属离子与金属指示剂生成十分稳定的配合物，到达终点时，滴入过量 EDTA 也不能夺取金属指示剂与金属离子形成的配合物（MIn^-）的金属离子使金属指示剂游离出来，因而在化学计量点附近没有颜色变化，这种现象称之为金属指示剂的封闭。

(2) 金属指示剂的僵化：有些金属指示剂，或金属指示剂与金属离子的配合物在水中溶解度不够，或金属指示剂与金属离子配合物（MIn^-）的稳定性和金属离子与 EDTA 的配合物（MY）的稳定性相近，接近化学计量点时，EDTA 与 MIn^- 的置换反应缓慢，致使终点拖长，这种现象称之为金属指示剂的僵化。

(3) 金属指示剂的变质：金属指示剂大多数是不饱和的碳-碳双键的有机物，易被日光、空气、氧化剂所氧化，引起分解、失效，引起金属指示剂变质。

291. 如何配制洗涤液

(1) 铬酸洗涤液。配制的浓度各不相同，以 5%～12%的各种浓度都有。例如，配制 5%的洗涤液 400mL，称取重铬酸钾 20g 置于 500mL 的烧杯中，加水 40mL，加热溶解后冷却，在搅拌下慢慢加入 360mL 浓硫酸，即成深褐色的铬酸洗涤液。

(2) 碱性高锰酸钾洗涤溶液。称取高锰酸钾 4g 溶于少量水中，在搅拌下慢慢加入 100mL 10%氢氧化钠溶液即成。

(3) 硝酸洗涤液。铝和搪瓷器皿上的沉淀，常用 5%～10%硝酸除去；比色器皿被沾污时，可用 1∶1 硝酸洗涤，不得已时可用铬酸洗涤液洗涤，但应立即用水冲净。

(4) 还原性洗涤液。亚硫酸钠加稀硫酸洗涤溶液，硫酸亚铁酸性溶液和草酸加盐酸溶液，都可以用来清洗覆盖于滴定管和其他玻璃器皿上的棕色二氧化锰。器皿经上述洗液洗涤后，先用自来水，再用蒸馏水或离子交换水冲洗至器壁不挂水珠即可。

292. 配制硫酸铜标准溶液时为什么要加硫酸

硫酸铜是强酸弱碱盐，溶于水后会水解生成氢氧化铜（弱碱）沉淀：

$$Cu^{2+} + 2H_2O \rightleftharpoons Cu(OH)_2\downarrow + 2H^+$$

当加硫酸后，溶液中 H^+ 离子的浓度增大，上述水解平衡被破坏，反应向左进行，促使了 $Cu(OH)_2$ 的溶解，因而配出的溶液清澈透明，浓度稳定。

293. 系统分析试样的熔融为什么用氢氧化钠作熔剂而不用氢氧化钾

因为氢氧化钾的吸水性和挥发性都较强，当熔融的温度较高时，氢氧化钾容易逸出，而且熔块用水浸出加酸分解后，溶液常出现浑浊现象，而用氢氧化钠作溶剂，熔样温度高于 700℃时仍比较稳定，熔融的试样用水浸出加酸酸化后，溶液是清澈透明的。

294. 重量分析法中的灼烧物为什么不能放在空气中冷却到室温

试样或沉淀物经灼烧或烘干后，如果放在空气中冷却，会吸收空气中的水分、二氧化碳等而影响测定结果的准确性，因此必须放在干燥器中冷却到室温。

295. 重量分析法结果计算公式中的换算因数是怎样求得的

在沉淀重量分析法中，最后得到的灼烧沉淀物，最后称重的是被测物质，如二氧化硅；有的则不直接是被测物质，如水泥中的硫酸盐三氧化硫的测定，最后称量的是硫酸钡，这样就需要将称量物换算成被测物质。

重量分析中的计算因数，就是被测组分的分子量（原子量）与最后称量的灼烧物分子量（原子量）的比值。如用硫酸钡重量法测定硫酸盐三氧化硫，最后称量得到的是硫酸钡的质量，所以需将硫酸钡换算成硫酸盐三氧化硫，其换算因数为三氧化硫的分子量除以硫酸钡的分子量，即 80.06/233.4=0.343。

296. 水泥熟料化学组成、矿物组成与率值的换算公式是什么

（1）由矿物组成计算率值：

石灰饱和系数表示 C_3S、C_2S 比例关系，其数学表达式如下：

$$KH=\frac{C_3S+0.8838C_2S}{C_3S+1.3256C_2S}$$

硅酸率表示 C_3S+C_2S 与 C_3A+C_4AF 含量的比例关系，其数学表达式如下：

$$n=\frac{C_3S+1.3256C_2S}{1.4341C_3A+2.0464C_2S}$$

铝氧率表示 C_3A 与 C_4AF 含量的比例关系，其数学表达式如下：

$$P=\frac{1.1501C_3A}{C_4AF}+0.6383$$

（2）由率值计算化学组成：

$$Fe_2O_3=\frac{\Sigma}{(2.8KH+1)(p+1)n+2.65p+1.35}$$

$$Al_2O_3=p\times Fe_2O_3$$

$$SiO_2=n(Fe_2O_3+Al_2O_3)$$

$$CaO = \Sigma - (SiO_2 + Al_2O_3 + Fe_2O_3)$$

其中，$\Sigma = SiO_2 + Al_2O_3 + Fe_2O_3 + CaO$。

(3) 由率值计算矿物组成：

$$C_3S = 3.80(3KH - 2)SiO_2$$

$$C_2S = 8.61(1 - KH)SiO_2$$

当 $P > 0.64$ 时

$$C_3A = 2.65(Al_2O_3 - 0.64Fe_2O_3)$$

$$C_4AF = 3.04Fe_2O_3$$

当 $P \leqslant 0.64$ 时

$$C_4AF = 4.77Fe_2O_3$$

$$C_3A = 1.70(Fe_2O_3 - 1.57Al_2O_3)$$

297. 简述氯化铵重量法测定二氧化硅的原理

在含有硅酸的浓盐酸溶液中，加入足量的固体氯化铵并于水浴上加热，可使硅酸迅速脱水析出。由于氯化铵的水解夺取了硅酸的水分，因而加速了脱水过程，促使含水二氧化硅由溶于水的水溶胶变为不溶于水的水凝胶。同时，因氯化铵是强电解质，电解出来的带正电荷的铵离子（NH_4^+），被吸附在带负电荷的硅胶微粒上，正负电荷中和，使硅胶的凝聚和沉积速度更快。经过滤、灰化、灼烧、称重而测出二氧化硅的含量。

298. 氟硅酸钾容量法测定二氧化硅的原理是什么？应注意哪些事项

(1) 基本原理

它是依据在有过量的氟离子和钾离子的强酸性溶液中，硅酸能与氟离子作用生成氟硅酸离子（SiF_6^{2}），进而与钾离子生成氟硅酸钾（K_2SiF_6）沉淀：

$$SiO_3^{2-} + 6F^- + 6H^+ \rightleftharpoons SiF_6^{2-} + 3H_2O$$

$$SiF_6^{2-} + 2K^+ \rightleftharpoons K_2SiF_6 \downarrow$$

将沉淀分离后于热水中水解，生成氢氟酸，可用氢氧化钠标准溶液滴定。根据消耗氢氧化钠标准溶液的毫升数，计算试样中二氧化硅的含量。其反应式如下：

水解反应　$K_2SiF_6 + 3H_2O \rightleftharpoons 4HF + 2KF + H_2SiO_3$

中和反应　$HF + NaOH = NaF + H_2O$

(2) 注意事项

① 不溶物小于 0.2% 的水泥熟料样品，可用酸直接分解试样测定二氧化硅。但称样前塑料杯要干燥，以防试样遇水结块，析出胶体硅酸，使测定结果偏低，并且要先加氟化钾溶液后加硝酸，这样有利于硅酸更好地转化成氟硅酸钾沉淀，使测定结果稳定。

② 以氢氧化钠熔融试样，熔块用水浸出后，酸化时盐酸要一次加入，边加

边搅拌，否则会析出硅酸，使测定结果偏低。尤其是在处理含硅较高的样品时，如黏土等，更要特别注意此项。

③ 为了保证氟硅酸钾沉淀完全，沉淀时溶液的酸度 $c(H^+)>3mol/L$（分取 50mL 试液测定二氧化硅应加 15mL 浓硝酸），体积要小于 80mL，且加入的氟化钾一定要达到饱和（过滤时应能见到固体氟化钾颗粒）。沉淀的洗涤、残余酸的中和等过程均可能引起氟硅酸钾的水解，因此，用氟化钾水溶液（50g/L）洗涤 2～3 次，用量应小于 25mL，且中和残余酸的操作应迅速完成。过滤时，漏斗内的滤液应保持在滤纸高度的 1/2 以下，以减少滤纸上的残余酸，从而可以减少中和残余酸用的氢氧化钠溶液（0.15mol/L）的用量，利于提高分析结果的准确度。

④ 氟硅酸钾沉淀的水解是一吸热反应，为了保证水解完全，加入的已中和至微红色的沸水的体积应大于 200mL，滴定终点时，溶液的温度不应低于 60℃。

⑤ 测定试样应检查水、试剂及用具的空白，一般不应超过 0.1mL，并将此值从滴定所消耗的氢氧化钠溶液体积数中减去，如果超过 0.1mL，应检查其来源，设法消除。

⑥ 量取氟化钾溶液用塑料量筒，不能用玻璃量筒，否则会腐蚀玻璃中的硅酸盐，使结果偏高。

⑦ 使用变形的银坩埚，会因熔体不易脱埚，而长时间在玻璃杯中煮沸，玻璃杯中的硅酸盐被强碱性溶液溶解，使结果偏高。

299. 化学试剂的管理注意哪些事项

（1）所有试剂、溶液的瓶上必须有标签，标签要完整、清晰，不得在容器内装入与标签不符的药品。

（2）试剂应分类存放，以便于使用。如无机试剂可分为酸类、碱类、盐类、氧化剂等；指示剂可按用途分类，如酸碱指示剂、氧化还原指示剂、络合指示剂等。

（3）配制的溶液应装在有塞的磨口瓶中保存，需要滴加使用的试剂，可装在滴瓶中，见光易分解的试剂应装在棕色瓶中。试剂瓶上的标签大小应与试剂瓶相称，标签要工整地写明试剂的名称、浓度、配制时间等。长期使用的试剂，标签上可涂层蜡，以防腐蚀、磨损。

（4）易燃试剂如乙醇、乙醚，易爆炸试剂如高氯酸、过氧化氢，应分开贮存在阴凉通风、不受阳光直射的地方。

（5）见光易分解的试剂如过氧化氢、硝酸银、高锰酸钾、硫代硫酸钠等，与空气接触易逐步被氧化的试剂如硫酸亚铁、氯化亚锡、碘化钾等，易挥发的试剂如溴，均应放在棕色瓶置于冷暗处。

（6）容易侵蚀玻璃容器而影响试剂纯度的，如氢氟酸、氢氧化钠、氢氧化钾、氟化物（氟化钾、氟化钠、氟化铵）应保存在塑料瓶中。

(7) 剧毒试剂如氰化物、氢氟酸，有毒试剂如重铬酸钾、氯化钡、醋酸铅、硫酸铜等，应注意保管，规范领用，以免发生事故。

300. 水泥中硫酸盐三氧化硫的测定在 GB/T 176—2017 中规定了哪四种方法？应如何使用？发生争议时以哪种方法为准

国家标准《水泥化学分析方法》(GB/T 176—2017) 中，规定了水泥中硫酸盐三氧化硫可用以下四种方法测定：

(1) 硫酸钡重量法（基准法）；

(2) 库仑滴定法（代用法）；

(3) 碘量法（代用法）；

(4) 离子交换法（代用法）。

硫酸钡重量法，结果准确，适用于出厂水泥硫酸盐三氧化硫的测定，但费时，可做批量试验，从而缩短时间。

库仑滴定法，若试样中含有大量的硫化物（S^{2-}）或其他状态的硫时，硫化物或其他状态的硫可能未完全被甲酸所分解，将给测定结果造成正误差，如掺入大量矿渣的水泥。

碘量法单一试验比硫酸钡重量法所需时间短，可适用于出厂水泥及出磨水泥中硫酸盐三氧化硫的测定。

离子交换法操作简单，分析速度快，结果准确，但本法只作为企业生产控制用，只适用于掺加天然石膏的水泥，不适用于掺加工业副产石膏的水泥，试样中含氟、磷、氯元素给测定结果造成正误差。

在有争议时，以基准法为准。

301. 硫酸钡重量法的沉淀操作应注意哪些事项

(1) 在稀溶液中进行沉淀。试样溶液及沉淀剂溶液均应为适当的稀溶液，以减少沉淀反应开始时溶液中硫酸钡的相对饱和度。但溶液也不能过稀，以免沉淀溶解损失过大。

(2) 在热溶液中进行沉淀。试样溶液应在微沸条件下用氯化钡溶液进行沉淀。在热溶液中硫酸钡的溶解度略有增大，从而降低了溶液的相对过饱和度。同时，在热溶液中还可减弱硫酸钡沉淀对杂质的吸附作用。沉淀完毕后冷却至室温，可减少硫酸钡沉淀在热溶液中的溶解损失。

(3) 在不断搅拌下慢慢滴加氯化钡溶液，切不可将氯化钡溶液一次全部倒入试样溶液中。防止因试样溶液中氯化钡局部过浓而生成过多的晶核。

(4) 在上述条件下沉淀完毕后，还要对沉淀进行“陈化”处理，即将沉淀连同溶液一起在室温下静置 12～24h 或在温热处静置至少 4h。陈化可使小晶体不断溶解，大晶体不断长大。陈化作用还能使沉淀变得更加纯净，因为小晶体吸附和包藏的杂质在陈化过程中被排除到溶液中。大晶体总表面积小，吸附的杂质也就减少。

302. EDTA 配位滴定法测定氧化钙的原理是什么？带硅测钙应注意哪些事项

（1）基本原理

在溶液 pH>12.5 的情况下，CMP 指示剂能与 Ca^{2+} 配位生成具有绿色荧光的配合物（Ca-CMP），反应式为：

$$Ca^{2+} + CMP(红色) \rightleftharpoons (Ca\text{-}CMP)^{2+}(绿色荧光)$$

终点前反应式为：

$$Ca^{2+} + H_2Y^{2-} \rightleftharpoons CaY^{2-} + 2H^+$$

当到达终点时，EDTA 夺取 Ca-CMP 配合物中的 Ca^{2+}，当 Ca^{2+} 全部被夺取后，绿色荧光消失，呈现红色终点。反应式为：

$$(Ca\text{-}CMP)^{2+}(绿色荧光) + H_2Y^{2-} \rightleftharpoons CaY^{2-} + CMP(红色) + 2H^+$$

（2）注意事项

① 2%KF 溶液应在稀释前的酸性溶液中加入，并放置 2min 以上，但也不可放置太久，以免 KF 形成氢氟酸腐蚀玻璃。

② 溶液在稀释碱化后，应在 30min 内滴定完成，以防止重新生成硅酸钙沉淀，而且空气中的二氧化碳与溶液表面钙离子反应，生成碳酸钙，使测定结果偏低。

③ 2%KF 溶液应按规定加入，若加得太多，溶液在稀释碱化后会生成氟化钙沉淀，而干扰测定；加入后应放置 2min 以上，溶液在碱化后，有时也会生成氟化钙沉淀，可另取一份溶液，在 2%KF 溶液加入前补加几毫升盐酸（1+1）即可。

303. 测定钙、镁时三乙醇胺为什么要在酸性条件下加入

EDTA 配位滴定法测定钙、镁时，使用三乙醇胺应在酸性溶液中加入，然后调节溶液的 pH 值至碱性。加入三乙醇胺的作用是在调整后的碱性溶液中掩蔽 Fe^{3+}、Al^{3+}、Ti^{4+} 及少量 Mn^{2+}。

因在碱性溶液中上述金属离子容易水解生成氢氧化物沉淀，在碱性溶液中加入三乙醇胺，这些金属离子就不容易被掩蔽。

304. 用钙黄绿素作指示剂滴定钙，为什么要与甲基百里香酚蓝、酚酞混合使用

钙黄绿素是一种常用的荧光指示剂，其游离酸难溶于水，钠盐则易溶于水，在 pH<11 的溶液中，指示剂本身具有黄绿色荧光；在 pH>12 的溶液中指示剂本身呈橘红色，没有荧光，而与 Ba^{2+}、Sr^{2+}、Ca^{2+} 等离子配位时才呈黄绿色荧光。它对 Ca^{2+} 非常灵敏，是滴定钙的良好指示剂，特别是在含镁较高的情况下。

钙黄绿素常因合成或贮存过程中的分解而含有少量的荧光黄，致使滴定终点仍有微弱的荧光。为了改善滴定终点，常借用某些酸碱指示剂或其他配位剂的颜色，来互补或掩蔽钙黄绿素的残余荧光。实验表明，加入适量甲基百里香酚蓝和酚酞效果较好，若按钙黄绿素：甲基百里香酚蓝：酚酞＝1：1：0.2 的比例配成混合指示剂（简写为 CMP）使用，能获得鲜明的终点。

305. 用 MTB 作指示剂配位滴定钙，为什么溶液的 pH 值要严格控制在 12.8±0.1

甲基百里香酚蓝（简写为 MTB）指示剂的应用范围很宽，在酸性或碱性溶液中与金属离子形成的配合物呈蓝色，在酸性溶液中滴定的终点由蓝变黄，在碱性溶液中滴定由蓝变为无色或浅灰色。溶液 pH＞13.4 时，指示剂本身为蓝色，因此滴定终点没有颜色变化。实验表明，用 MTB 作指示剂滴定钙，溶液的最佳 pH 值是 12.8±0.1，这时终点溶液的颜色是无色或浅灰色，变化明显，底色浅，返色慢，结果正确。若高于此 pH 值，指示剂本身的颜色加深，影响终点的观察；若 pH 值低于 12.5 时，由于 $Mg(OH)_2$ 沉淀不完全，终点返色快，测定结果偏高。

306. EDTA 配位滴定法测定钙，为什么用 KOH 而不用 NaOH 溶液调溶液的 pH 值

当使用 MTB 作指示剂滴定钙时，用 KOH 溶液调 pH 值较用 NaOH 易于掌握。如 KOH 溶液的加入量稍多一些（pH 达 13.1）时对终点的影响不是太大，而用 NaOH 溶液调溶液的 pH 值，超过 12.8，终点就不太明显。在强碱性溶液中，钙黄绿素也与 K^+、Na^+ 反应，略显荧光，但 K^+ 的效应较小。因此，使用 CMP 或 MTB 作指示剂滴定钙时，应用 KOH 调整溶液的 pH 值，而不用 NaOH。

307. EDTA 滴定差减法测定氧化镁的原理是什么？应注意哪些事项

（1）基本原理

在溶液 pH＝10 的情况下，KB 指示剂能与 Ca^{2+}、Mg^{2+} 配位生成酒红色的配合物，反应式为：

$$Ca^{2+} + KB \rightleftharpoons (Ca\text{-}KB)^{2+}$$

$$Mg^{2+} + KB \rightleftharpoons (Mg\text{-}KB)^{2+}$$

终点前反应式为：

$$Ca^{2+} + H_2Y^{2-} \rightleftharpoons CaY^{2-} + 2H^+$$

$$Mg^{2+} + H_2Y^{2-} \rightleftharpoons MgY^{2-} + 2H^+$$

当到达终点时，EDTA 逐渐夺取与 KB 配位的 Ca^{2+}、Mg^{2+}，酒红色逐渐消失，全部夺取后，呈现指示剂本身的颜色纯蓝色，此时滴定的是钙、镁合量，减去钙的量，即为镁的量。

(2) 注意事项

① KB 指示剂中的酸性铬蓝 K 与萘酚绿 B 的配合要适当，若萘酚绿 B 过多，则绿色背景太深，以使滴定终点提前；反之，终点拖后，且变色不敏锐，易滴定过量。

② 在 pH 值 9～13 范围内，酸性铬蓝 K 对钙的灵敏度比镁的灵敏度高 10 倍，因此终点时的交换速度比较缓慢，所以近终点时应在充分搅拌下，缓慢滴定至蓝色终点，否则易滴定过量，测定结果偏高。

③ 溶液中硅酸的浓度较大时，易生成硅酸钙沉淀，干扰测定，所以应在稀释前的酸性溶液中加入适量 2%KF 溶液，并放置 2min，可消除硅酸的干扰。

④ 锰含量高时，需要在加入 pH10 缓冲溶液后，加入 1g 盐酸羟胺，搅拌使之溶解后立即用 EDTA 标准溶液滴定，计算时应扣除氧化锰的含量。

⑤ 三乙醇胺与 Fe^{3+} 形成的黄色配合物能破坏酸性铬蓝 K 指示剂，从而使溶液中萘酚绿 B 的背景加深，能引起滴定终点提前，所以加入酒石酸钾钠溶液和三乙醇胺进行联合掩蔽可消除上述破坏现象。

308. 为什么测定高铁试样时要用铋盐回滴法测定三氧化二铁

(1) 在较强的酸性溶液中，高浓度的 Fe^{3+} 对一般有机指示剂产生氧化破坏的作用，对测定结果产生较大影响。

(2) 滴定过程中生成的高浓度 Fe^{3+}-EDTA 配合物具有较深的黄色，近终点时遮蔽了残余的 Fe^{3+} 与磺基水杨酸钠生成的配合物的微红色，导致终点提前到达，由此产生较大的误差。

(3) 在 pH1.8～2.0 酸度下，Fe^{3+} 有一定的水解效应，对测定高铁试样中 Fe_2O_3 的测定结果产生较大的影响。

309. 简述铋盐回滴法测定三氧化二铁的原理和操作注意事项

(1) 原理

将试样溶液 pH 值降至 1～1.5（此时减弱了 Fe^{3+} 的水解和高铝试样中 Al^{3+} 的干扰），加入过量的 EDTA 标准滴定溶液（过量 0.015mol/L EDTA 标准滴定溶液的量应在 3mL 以内），使 Fe^{3+} 与过量的 EDTA 标准滴定溶液充分反应，过量的 EDTA 标准滴定溶液以半二甲酚橙作指示剂，用 0.015mol/L 硝酸铋标准滴定溶液滴定，终点时稍过量的 Bi^{3+} 与半二甲酚橙指示剂生成红色配合物，即到终点。

(2) 操作注意事项

① 此法测定铁，溶液的介质是 HNO_3，因在盐酸介质中会生成 BiOCl 而影响测定结果。用银坩埚熔样时，为了消除银离子（Ag^+）的影响，可加入少量盐酸，试验证明，被测样若为 200mL，可允许有相当于 1mL 浓盐酸的氯离子（Cl^-）存在，对测定结果无影响，但对终点变化稍有干扰，因此被测溶液中氯离子的量越少越好。

② 溶液的 pH 值应严格控制在 1～1.5 之间，此时 Al^{3+} 离子不干扰，终点明显。pH<1.0 时，终点变化不明显，且颜色变化迟钝，易返色。

③ EDTA 标准滴定溶液过量不易太多，一般以不超过 3mL（对 0.015mol/L EDTA 溶液而言）为宜，过多会因 Al^{3+} 的干扰而使测定结果偏高；加入过量 EDTA 后应放置 1～2min，若超过 3min，结果偏高，Al^{3+} 干扰明显。

④ 滴定时溶液的温度应控制在 20～35℃之间。

310. 氟化铵置换法测定水泥用铁质原料中三氧化二铝的原理和操作注意事项是什么

（1）测定原理：在用 EDTA-硝酸铋回滴法滴定完铁后的溶液中，加入苦杏仁酸溶液，此时 TiO^{2+} 与苦杏仁酸生成稳定的配合物，再加入过量的 EDTA 标准滴定溶液使之与 Mn^{2+}、Al^{3+} 生成配合物，过量的 EDTA 以半二甲酚橙作指示剂用乙酸铅标准滴定溶液滴定，滴定至橙红色，然后加入氟化氨溶液，将与 Al^{3+} 配位的 EDTA 置换出来，被置换出来的 EDTA 再用乙酸铅标准滴定溶液滴定，滴定至橙红色为终点，通过最后一次滴定时消耗的乙酸铅标准滴定溶液的体积，即可计算出纯三氧化二铝的含量。

（2）操作注意事项：

① 用氟化氨置换法测定氧化铝，不受测定铁、钛产生的误差的干扰，结果稳定。

② 此法适用于铁矿石（或铁粉）试样中三氧化二铝的测定。铁矿石试样中，一般都含有少量的锰，由于锰的干扰，第一次用乙酸铅溶液滴定时，易返色，故滴定至橙红色即可。

③ 用乙酸铅标准滴定溶液滴定时，由于溶液中有比较多的半二甲酚橙指示剂，黄色较深，因此，橙红色终点的判断要准确。

④ 第一次用乙酸铅标准滴定溶液滴定完后，应立即加入 10%的氟化氨溶液，否则痕量的钛会与半二甲酚橙指示剂形成稳定的橙红色配合物，影响第二次滴定终点的观察。

311. EDTA 直接滴定法测定三氧化二铁的原理是什么？应注意哪些问题

（1）基本原理

根据在 pH＝1～3 的溶液中，磺基水杨酸钠能与铁生成紫红色配合物，其颜色反应如下：

$$Fe^{3+} + HIn^{-}(\text{无色}) \rightleftharpoons FeIn^{+}(\text{紫红色}) + H^{+}$$

当滴加 EDTA 标准滴定溶液时终点前的反应是：

$$Fe^{3+} + H_2Y^{2-} \rightleftharpoons FeY^{-}(\text{黄色}) + 2H^{+}$$

因紫红色配合物（$FeIn^{+}$）不如黄色配合物（FeY^{-}）稳定，所以终点时 $FeIn^{+}$ 中的 Fe^{3+} 被 EDTA 夺取，紫红色消失，终点时的变色反应为：

$$FeIn^{+}（紫红色）+H_2Y^{2-} \rightleftharpoons FeY^{-}（黄色）+HIn（无色）+H^{+}$$

终点时溶液由紫红色变为亮黄色，当被测溶液中的 Fe^{3+} 的浓度低时为无色，即为终点。

（2）注意事项

① 由于测定的是全铁，所以在滴定前应将全部二价铁（Fe^{2+}）氧化成三价铁（Fe^{3+}），加入少量硝酸使 $Fe^{2+} \longrightarrow Fe^{3+}$。

② 本法的关键是要严格控制溶液的 pH 值。虽然 Fe^{3+} 与 EDTA 在 pH1.5～2.5 的溶液中均能定量络合，但若 pH 值低于 1.5，终点变色缓慢，易滴过终点；pH 值大于 2.5 时，一方面，Fe^{3+} 易水解，形成 $Fe(OH)^{2+}$、$Fe(OH)_2^{+}$ 等羟络合物，其络合能力减弱。另一方面，溶液中 Al^{3+} 对 Fe^{3+} 的干扰，随溶液的 pH 值的升高和 Al^{3+} 含量的增加而显著增加，测定 Fe^{3+} 时溶液中的 pH 值应严格控制在 1.8～2.0。

③ 终点时溶液的颜色与溶液的体积和 Fe^{3+} 的浓度有关。故终点颜色应视溶液的体积和 Fe^{3+} 的浓度而定，如测定生料、熟料及水泥等试样中的铁时，称取试样 0.5g，定容为 250mL，分取 50mL 试液并稀释至 100mL 测定铁，可滴至亮黄色；同样条件，测定石膏、石灰石中铁时，只能滴至无色。

④ 因在 pH 值为 1.8～2.0 的溶液中 EDTA 与 Fe^{3+} 的络合反应速度较慢，为加快其反应速度，滴定应在热溶液中进行。温度应控制在 60～70℃之间，即起始温度为 70℃，终点时不低于 60℃。温度过高，Al^{3+} 对 Fe^{3+} 的干扰明显增大；过低，终点变色缓慢。近终点时应缓慢滴定，并加强搅拌，以免滴定过量。

312. 硫酸铜返滴定法测定三氧化二铝的原理是什么？应注意哪些问题

（1）基本原理

在滴定铁后的溶液中，加入过量的 EDTA 标准滴定溶液，加热至 70～80℃，调整溶液体积至 150～200mL，加入缓冲溶液（pH4.3），将溶液 pH 值调整至 3.0～3.5，使 Al^{3+} 与 EDTA 标准滴定溶液定量配位，此时溶液中的钛也能与 EDTA 标准滴定溶液定量配位，过量的 EDTA 标准滴定溶液，以 PAN 为指示剂，用硫酸铜标准滴定溶液滴定，终点时稍过量的 Cu^{2+} 与 PAN 作用生成红色配合物，滴定终点时溶液为亮紫色，此时测定的是铝钛合量。

（2）注意事项

① 滴定终点的颜色，与过量的 EDTA 和 PAN 指示剂的加入量有关。如果溶液中的 EDTA 过量多或 PAN 指示剂的加入量少，CuY^{2-} 绿色络合物的色调较深，则终点为蓝紫色或蓝灰色；如果 EDTA 过量少或 PAN 指示剂的加入量多，则 Cu-PAN 红色络合物的色调比较明显，终点基本上是红色。因此，在 PAN 指示剂加入量固定的条件下，只有 EDTA 标准溶液的过量适当（一般以 0.015mol/L EDTA 过量 10～15mL），才能获得敏锐的亮紫色终点。不论哪种终

点颜色，均有明显变化，不影响测定结果。

② PAN 指示剂与 Cu-PAN 络合物均不易溶于水，故滴定应在热溶液中进行，以增加其溶解度。滴定时的起始温度为 90℃左右，终点时溶液的温度不应低于 70℃，否则终点颜色变化不明显。此外，溶液的体积应在 200mL 左右，以减少钙、锰离子对铝的干扰。

③ 用 PAN 作指示剂，铜盐返滴法测定铝时，主要干扰成分是 Mn^{2+}，Mn^{2+} 对测定 Al^{3+} 的干扰随溶液的 pH 值和 Mn^{2+} 浓度的增大而增大。在 pH 为 4 的溶液中，Mn^{2+} 有 50%能与 EDTA 络合。对于 MnO 含量在 0.5%以下的样品，会给铝的测定结果造成 0.2%以下的正误差，并且不干扰滴定终点的观察，可忽略。因此，本法只适用于 MnO 含量在 0.5%以下的样品中铝的测定。

④ F^- 能与 Al^{3+} 逐级形成 AlF^{2+}、$AlF_2^{\ +}$～$AlF_6^{\ 3-}$ 等稳定的络合物，干扰铝的测定。当溶液的 pH＝4 时，被测溶液中的 F^- 大于 2mg，会使铝的测定结果明显偏低，且终点变化不敏锐，易返色。在水泥及其原材料中，除萤石外，其他含氟均较低，因此，F^- 对 Al^{3+} 的测定不会有明显干扰。

313. 硫酸铜返滴定法测定水泥中的三氧化二铝的结果如何计算

例：称取 0.5035g 水泥试样，用氢氧化钠熔融，盐酸分解后，制成 250mL 溶液。从中分取 25mL，滴定完铁之后，加入 15.00mLEDTA 标准滴定溶液[c(EDTA)＝0.01540mol/L]，用硫酸铜标准滴定溶液[$c(CuSO_4$＝0.01512mol/L]返滴定，消耗 12.89mL。求该水泥试样中三氧化二铝的质量百分数。

解：此反应中三氧化二铝的基本单元为($1/2Al_2O_3$)。由题意知：c(EDTA)＝0.01540mol/L，V(EDTA)＝15.00mL，$c(CuSO_4)$＝0.01512mol/L，$V(CuSO_4)$＝12.89mL，p＝250/25＝10，$M\left(\frac{1}{2}Al_2O_3\right)$＝50.98g/mol，$m$＝0.5035g。得下式：

$$X_{Al_2O_3}=\frac{[c(\text{EDTA})\times V(\text{EDTA})-c(CuSO_4)\times V(CuSO_4)]\times M\left(\frac{1}{2}Al_2O_3\right)\times p}{m\times 1000}\times 100\%$$

$$=\frac{(0.01540\times 15.00-0.01512\times 12.89)\times 50.98\times 10}{0.5035\times 1000}\times 100\%$$

$$=3.66\%$$

或采用滴定度 $T_{Al_2O_3/EDTA}$ 体积比 K 进行计算。$T_{Al_2O_3/EDTA}=c(\text{EDTA})M(1/2Al_2O_3)=0.01540\times 50.98=0.7851$(mg/mL)；$K=c(CuSO_4)/c(\text{EDTA})$＝0.01512/0.01540＝0.9818。代入得：

$$X_{Al_2O_3}=\frac{T_{Al_2O_3/EDTA}\times[V(\text{EDTA})-K\times V(CuSO_4)]}{0.5035\times 1000}\times 100\%$$

$$=\frac{0.7851\times(15.00-0.9818\times12.89)}{0.5035\times1000}\times100\%$$

$$=3.66\%$$

314. 硫酸铜返滴定法测定三氧化二铝加入 EDTA 标准滴定溶液后，为什么要先加热后加缓冲溶液

在滴定完铁的溶液中，加入过量的 EDTA 标准滴定溶液后，如在未加热之前加缓冲溶液（pH＝4.3），则铝、钛离子可能水解生成 $Al(OH)^{2+}$、$Al(OH)_2^+$、$TiO(OH)^+$ 等羟络合物，降低了游离金属离子的浓度，其配位能力降低，难以定量配位。若先加热至 70～80℃，这时溶液的 pH 值较低，铝、钛以游离离子形式存在，与 EDTA 的配位反应速度大大加快，此时铝、钛被配位的量可达 95%以上。然后加缓冲溶液提高溶液的 pH 值，剩余的铝、钛仍以游离离子形式存在，在煮沸的条件下，能较快地与 EDTA 定量配位。

315. 用硫酸铜返滴定法测定三氧化二铝时如何确定 EDTA 标准滴定溶液的加入量

尽管分析的试样品种不同，铝的含量差异较大，如能获得同一亮紫色终点，对操作者来说是比较方便的。在 PAN 指示剂加入量相同的情况下，要想获得基本相同的亮紫色终点，其关键是 EDTA 标准滴定溶液过量的量应基本相同。简言之，就是要让被测溶液中的 Al^{3+} 全部与 EDTA 配位以后，剩余的 EDTA 的量应基本相同。怎样确定 EDTA 标准滴定溶液的加入量，才能使铝含量差异较大时过量的 EDTA 量基本相同呢？

其方法是：先将某一未知品的烧失量，SiO_2、CaO、MgO、Fe_2O_3 的含量测定结果计算出来，再根据样品的种类和前述成分的含量估计一下 K_2O+Na_2O 的含量，从 100 减去上面 7 种成分的含量（%），即为估算的铝的含量（%），进而计算出被测溶液中 Al_2O_3 的量，然后加上设定的 EDTA 标准滴定溶液过量的毫升数，即为滴定铝时 EDTA 标准滴定溶液的加入量（mL）。

如果滴定时消耗硫酸铜标准滴定溶液的体积小于 10mL，增加 EDTA 标准滴定溶液的加入量重新试验。

316. 简述用化学药品的熔点测定高温炉的实际温度

高温炉的实际温度通常都是由热工仪表、电工用仪表进行测定。如马弗炉的自动控温的测温毫伏计或高频电子管式的温度控制器，由铂-铑热电偶从炉后孔伸入炉膛，并与继电器或高频电子管式自动定温器（温控器）连接，来测定和控制整个炉内的温度。

在无仪表（或仪表损坏）的情况下，可借用化学药品的熔点来简易进行炉内温度的测试。一般可用无水碳酸钾（熔点 891℃）或无水碳酸钠（熔点 852℃）来测试。其测试方法如下：

将少量无水碳酸钠粉末放在坩埚里，并置于高温炉内，把高温控制器的指针定至852℃的位置，升温，当指针指到852℃的位置时，自炉内取出坩埚，观察无水碳酸钠的熔融状况。若不熔，表示炉内实际温度尚未达到852℃；若熔得透明，表示炉内实际温度已超过852℃；若刚熔，表示炉内实际温度准确。在测试中，如果是前两种情况的其中一种，可调节控制指针，继续以此法测定，直至温度准确为止，由此可以确定炉内实际温度与炉外指针指示温度的差值。若实际炉温与指针指示炉温差值不足10℃，可继续使用此炉，并在熔样时按差值对加热温度予以调整。若实际炉温与指针指示炉温差值太大（已超过10℃以上），应请当地计量部门检定调修。

317. 矿渣硅酸盐水泥、铁矿石类试样的烧失量出现负值的原因是什么

烧失量是将试样放在一定温度，规定一定灼烧时间内，试样所失去的质量在试样中所占的百分数。

在矿渣硅酸盐水泥和铁矿石类试样中，含有较多的低价化合物，如氧化锰、氧化亚铁、三氧化二铁等，它们在高温灼烧时会被氧化成高价氧化物。如：

$$S^{2-} + 2O_2 \xlongequal{\triangle} SO_4^{2-}$$

$$4FeO + O_2 \xlongequal{\triangle} 2Fe_2O_3$$

$$6Fe_2O_3 \xlongequal{\triangle} 4Fe_3O_4 + O_2$$

这些反应的发生，都使试样质量增加，以致在按公式计算烧失量时出现了负值。

318. （自动）电位滴定法测定水泥中氯离子时，检测结果偏低的原因有哪些

（1）实验所用蒸馏水空白较大，或者由于所用试剂纯度不够，杂质较多，带来较大的实验空白，将会随机性造成实验结果偏低。

（2）实验前，使用饱和氯化钾-甘汞电极前需要检查饱和氯化钾溶液是否浸没内部电极小瓷管的下端，是否有氯化钾晶体存在，若氯化钾溶液少了或无氯化钾晶体，则应添加；氯离子电极要注意其有效期，使用前在低浓度氯离子溶液（10^{-3}mol/L左右）中浸泡活化；否则，将会使电极反应不灵敏，易造成实验结果偏低。

（3）磁力搅拌的搅拌速度不宜过快，有旋涡为宜，过快容易造成电势变化不稳定，过慢易导致反应速度过慢，电势变化延迟。

（4）在接近终点时，滴定速度要放慢，滴定液要逐滴加入，终点后再多记录6～7个点，防止由于等量点选取不合适，造成结果偏低。

（5）标准滴定溶液标定浓度偏低，造成实验结果偏低。

319. 水泥中水溶性铬（Ⅵ）的测定注意事项有哪些

（1）二苯碳酰二肼溶液避光保存，使用期限为一周。

(2) 铬标准溶液有效期一个月。

(3) 检测用水应符合《分析实验室用水规格和试验方法》(GB/T 6682—2008)中规定的三级水要求。

(4) 水泥胶砂搅拌机搅拌过程中，黏附于叶片和搅拌锅的砂浆用橡胶或塑料棒刮到锅中间，叶片和搅拌锅用后保持干燥，不允许刷油。

(5) 确保过滤装置所用的抽滤瓶、布氏漏斗、滤纸和小烧杯是干燥的。

(6) 滤液如果浑浊，可再干过滤或采用离心分离机分离过滤。

320. 简述不溶物的测定原理和注意事项

(1) 测定原理

不溶物是指在规定的条件下加热试样，既不溶于特定浓度的盐酸，也不溶于特定浓度的氢氧化钠溶液的组成部分。其主要来源是水泥熟料、石膏以及所掺加的混合材。由于不溶物不同于化学成分，它是特定试样条件下留下的不溶残渣，其测定结果与试验条件密切相关，所以必须严格按操作规程进行测定。

(2) 注意事项

① 用盐酸溶解试样时，必须加入约 25mL 水，搅拌使试样完全分散，然后再在搅拌下加入浓盐酸，以避免二氧化硅呈胶体析出，使过滤困难。盐酸加入量为 5mL，稀释至 50mL。加热时间严格控制在 15min。

② 加热方式至关重要，要在沸水浴中加热，使烧杯进入水浴的内部空间，而烧杯口边缘正好卡在大水浴口上，烧杯的底部不浸入水浴的水中，而悬吊在水浴上方，其底部和周围都被水蒸气包围而加热，保证加热温度严格控制在 100℃，绝不能在电炉上直接加热，否则因温度过高，结果将严重偏低。

③ 洗净后的酸不溶物残渣用 100mL 氢氧化钠溶液(10g/L)在蒸汽浴上加热 15min(从加入氢氧化钠溶液开始计时)，其间搅动滤纸以及残渣 2～3 次，使碱溶物尽量溶解。

321. 简述硅酸盐水泥和普通硅酸盐水泥中组分含量的测定方法

火山灰质混合材料或粉煤灰组分采用选择溶解法，水泥试样用硝酸溶液选择溶解，火山灰质混合材料或粉煤灰组分基本上不溶解，而其他组分则基本上被溶解。

粒化高炉矿渣组分采用选择溶解法，水泥试样被 pH11.60 含有 EDTA 的溶液选择溶解后，熟料、石膏及碳酸盐基本上被溶解，而其他组分则基本上不溶解。

石灰石的含量由二氧化碳的含量而定。二氧化碳的测定采用碱石棉吸收称量法。

由选择溶解的结果以及水泥中二氧化碳和硫酸盐三氧化硫的含量，计算水泥中各组分的含量。

窑灰被计算在火山灰质混合材料或粉煤灰组分、石灰石组分中。

砂岩被计算在火山灰质混合材料或粉煤灰组分中。

322. 水泥化学分析废液的处理办法是什么

(1) 利用水泥煅烧窑处理废液

将水泥化学分析含钡、铬、汞、铜及废酸、废碱的废液加入水泥原材料中，利用水泥窑来进行煅烧。

(2) 利用化学法处理废液

① 含钡废液的处理

A. 硫酸钠处理

处理一个硫酸钡重量法测定硫酸盐三氧化硫后的废液需要称取 1.0g 无水硫酸钠(固体)，精确至 0.1g，在搅拌下，缓慢加入无水硫酸钠(固体)到盛有钡离子废液的烧杯中，温热 4h 或放置 12～24h。在溶液中加 2～3 滴酚酞指示剂溶液，用氢氧化钠溶液(50g/L)中和至溶液出现粉红色，静置至溶液澄清，过滤后，取 1～2 滴滤液置于表面皿上，加 1 滴硫酸(1＋9)，如果没有沉淀，可将滤液直接排放。如果有沉淀产生，需再加几毫升硫酸(1＋9)处理滤液。

B. 硫酸溶液处理

处理一个硫酸钡重量法测定硫酸盐三氧化硫后的废液需要 4.0mL 硫酸(1＋9)，精确至 0.1mL，在搅拌下，缓慢加入硫酸(1＋9)到盛有钡离子废液的烧杯中，温热 4h 或放置 12～24h。在溶液中滴 2～3 滴酚酞指示剂溶液，用氢氧化钠溶液(50g/L)中和至溶液出现粉红色，静置至溶液澄清，过滤后，取 1～2 滴滤液置于表面皿上，加 1 滴硫酸(1＋9)，如果没有沉淀，可将滤液直接排放。如果有沉淀产生，需再加几毫升硫酸(1＋9)处理滤液。

② 含铬废液的处理

取一定量水泥化学成分分析后的含铬废液，如果废液中有黄色的水溶性铬(Ⅵ)，加入适量的硫酸亚铁铵(固体)至黄色褪去，加 2～3 滴酚酞试剂，用氢氧化钠溶液(50g/L)中和至溶液出现粉红色，调节溶液 pH 值至 8 左右，使 Cr^{3+} 转变成 $Cr(OH)_3$ 沉淀，然后每 100mL 溶液中加入 1g 活性炭(固体)，静置沉淀 12～24h，过滤后将滤液直接排放。

③ 汞废液的处理

取一定量含汞废液，每 100mL 废液中加入 0.2g 硫化钠(固体)，搅拌溶解，用氢氧化钠溶液(50g/L)调节至 pH8.0～9.0，用 pH 试纸或酸度计检验。然后每 100mL 废液中加入 0.5g 活性炭(固体)，盖上表面皿，静置 12～24h。过滤后每 100mL 滤液中加入 0.5g 硫酸亚铁或硫酸亚铁铵(固体)，搅拌溶解，使硫离子完全转化成硫化亚铁，过滤后将滤液直接排放。

④ 铜废液的处理

取适量含铜废液放入烧杯中，每 100mL 废液中加入 3.3g 硫化亚铁（固体），用氢氧化钠溶液（50g/L）调节至 pH 值为 8.0～9.0，用 pH 试纸或酸度计检验。静置 12～24h，过滤后将滤液直接排放。

⑤ 酸、碱废液的处理

A. 废酸溶液的处理步骤

将废酸溶液用一定浓度的氢氧化钠溶液中和至中性（pH 值为 7 左右），用 pH 试纸或酸度计检验。

B. 废碱溶液的处理步骤

将废碱溶液用一定浓度的盐酸溶液中和至中性（pH 值为 7 左右），用 pH 试纸或酸度计检验。

323. 火焰光度法测定钾、钠的操作注意事项是什么

（1）测定时要求火焰稳定而均匀，火焰尖端仅能有轻微的跳动，蓝绿色焰芯应有 2～3cm 高度，整个火焰应呈均匀的蓝色，如果不符合要求，应调节燃气压力及压缩空气的压力，同时还要调节火焰的高度以达到合适的测定位置。选择一个合适的火焰激发条件，在整个测定过程中保持不变，否则不能得到稳定的读数。

（2）试样中的干扰成分必须除去，在处理试样溶液的过程中一般是在铂皿中用氢氟酸-硫酸在低温电热板上进行，加热过程中要控制电炉温度，并不断摇动铂皿，当试样成糊状时，摇动铂皿使试样均匀地分布在铂皿内，并降低加热温度，以防止试样溅失，必须加热至试样中三氧化硫散尽，防止残留在溶液中的氢氟酸对玻璃和仪器造成腐蚀。当用氨水（1+1）中和甲基红呈黄色时，一般消耗氨水（1+1）2～3 滴，不能消耗太多，否则说明氢氟酸未驱尽。碳酸铵溶液久置会失效，应现用现配，加入碳酸铵溶液后，加热微沸 20～30min，使过剩的碳酸铵分解完全，否则用盐酸（1+1）中和甲基红呈红色时会产生大量的二氧化碳气泡，在测定时会影响仪器的稳定性。如果制备好的溶液，经测定浓度过大，可再分取一定量的试样溶液，稀释后继续测定。

（3）以同一仪器同时进行标准溶液和试样溶液的测定，以使两者的测定条件完全一致。雾化装置要清洁，在完成测定后，应以蒸馏水喷洗 3～5min。测定试样的同时要进行空白试样，并对测定结果进行校正。碱含量测定不得与其他分析共用器皿和试剂，以免带入空白。

324. 测定游离二氧化硅的基本原理与操作过程是什么

（1）基本原理

热的浓磷酸几乎能溶解所有硅酸盐矿物，但对石英（游离二氧化硅）的溶解度很小。试样加入浓磷酸并加热后，将硅酸盐中的二氧化硅和游离态的二氧化硅进行选择性分离，对不溶的游离二氧化硅用氢氧化钾熔融，用氟硅酸钾容量法进

行测定。

(2) 操作过程

称取约 0.5g 试样，精确至 0.0001g，置于 200～300mL 干燥的高型烧杯中，沿杯壁加入 30mL 磷酸，摇动烧杯使试样完全分散，并用玻璃棒压碎块状物，反着盖上表面皿或无颈漏斗，然后在电炉上加热煮沸并微沸 10min。取下冷却至 50～60℃，用水冲洗表面皿或无颈漏斗，再加入 50mL 70～80℃的热水，充分搅拌后加入 10mL 氟硼酸，在(50±5)℃的恒温水浴中保温 30min(其间搅拌 2 次)。加入少许滤纸浆，以慢速滤纸过滤，用胶头擦棒和一小片定量滤纸擦洗烧杯及玻璃棒，用热的硝酸铵溶液(20g/L)洗涤 10～12 次。

将沉淀连同滤纸一并移入镍坩埚或银坩埚中，将盖斜置于坩埚上，在电炉上干燥、灰化完全后，加入 4～5g 氢氧化钾。然后按氟硅酸钾容量法测定二氧化硅的步骤进行。

325. 简述测定水泥生料全硫的操作过程

称取约 0.5g 试样，精确至 0.0001g，置于镍坩埚中，加入 6～7g 氢氧化钾，盖上坩埚盖(留有缝隙)，放在电炉上加热 20～30min，期间摇动 1～2 次。取下放冷，放入盛有 100mL 热水的 300mL 烧杯中，待熔体全部浸出后，用热水洗涤坩埚和盖，加入 10～15mL 盐酸溶解，加入 2～3 滴甲基红溶液测定时显酸性，加热至沸。加入少许滤纸浆，用氨水(1+1)调至溶液呈黄色并过量 1～2 滴(产生氢氧化物沉淀)，用中速滤纸过滤，用热水洗涤 5～6 次，滤液及洗液收集于 400mL 烧杯中。加入 5mL 盐酸(1+1)，加水稀释至约 250mL，玻璃棒底部压一小片定量滤纸，盖上表面皿，加热煮沸，在微沸下从杯口缓慢逐滴加入 10mL 热的氯化钡溶液，继续微沸数分钟至沉淀良好地形成，然后在常温下静置 12～24h 或温热处静置至少 4h，此时溶液体积应保持在约 200mL，用慢速定量滤纸过滤，用温水洗涤，用胶头擦棒和一小片定量滤纸擦洗烧杯及玻璃棒，洗涤至检验无氯离子为止。

将沉淀及滤纸一并移入已灼烧恒量的瓷坩埚中，灰化完全后，放入 800～950℃的高温炉中灼烧 30min，取出坩埚置于干燥器中冷却至室温，称量。反复灼烧，直至恒量。

326. 简述碱棉吸收重量法测定二氧化碳的操作过程

每次测定前，将一个空的反应瓶连接到二氧化碳测定仪器装置上（图 2-4），连通 U 形管 9、10、11、12、13。启动抽气泵，控制气体流速为 50～100mL/min（每秒 3～5 个气泡），通气 30min 以上，以除去系统中的二氧化碳和水分。关闭抽气泵，关闭 U 形管 10、11、12、13 的磨口塞。取下 U 形管 11 和 12 放在干燥器中，恒温 10min，然后分别称量。

称取约 1g 试样，精确至 0.0001g，置于干燥的 100mL 反应瓶中，将反应瓶连接到仪器装置上，并将已称量的U形管11和12连接到仪器装置上。启动抽气泵，控制气体流速为50～100mL/min（每秒3～5个气泡）。加入20mL磷酸到分液漏斗中，小心旋开分液漏斗活塞，使磷酸滴入反应瓶中，并留少许磷酸在漏斗中起液封作用，关闭活塞。打开反应瓶下面的小电炉，调节电压使电炉丝呈暗红色，慢慢低温加热使反应瓶中的液体至沸，并加热微沸5min，关闭电炉，并继续通气25min。关闭抽气泵，关闭U形管10、11、12、13的磨口塞。取下U形管11和12放在干燥器中，恒温10min，然后分别称量。如果U形管12的质量变化小于0.0005g，计算时忽略，否则应重新试验。实际上二氧化碳应全部被第一根U形管11吸收。用每根U形管增加的质量计算水泥中二氧化碳的含量。

同时进行空白试验。计算时从测定结果中扣除空白试验值。

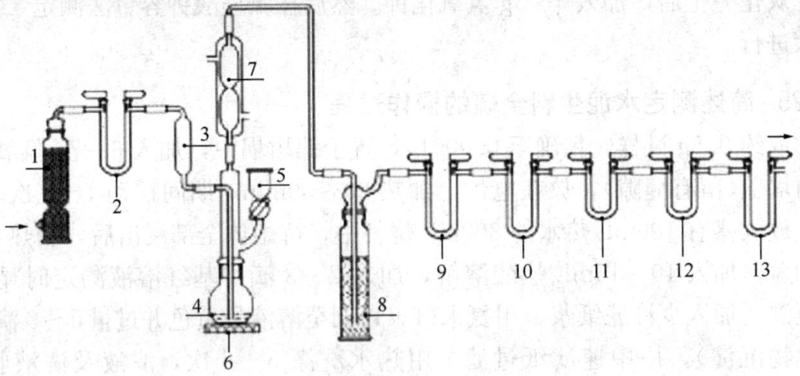

说明：

1—吸收塔：内装钠石灰或碱石棉；2—U形管：内装碱石棉；3—缓冲瓶；4—反应瓶：100mL；5—分液漏斗；6—电炉；7—球形冷凝管；8—洗气瓶：内装硫酸；9—U形管：内装硫化氢吸收剂；10—U形管：内装无水高氯酸镁；11、12—U形管：内装碱石棉和无水高氯酸镁；13—U形管：内装钠石灰或碱石棉

图2-1　碱石棉吸收称量法二氧化碳测定装置示意图

327. 什么叫仪器的热容量？什么情况下要重新标定仪器的热容量

（1）仪器的热容量是指该仪器的量热系统温度每升高1℃所需要吸收的热量，以J/K(或J/℃)表示。

（2）通常热容量的标定有效期为3个月，但如有下列情况发生时应立即重新标定；

① 测定发热量时的内筒水温与热容量标定时的平均内筒水温相差5℃以上时；

② 更换量热温度计；

③ 更换氧弹的较大部件，如氧弹盖、连接环等；

④ 热量计经过较大的搬动。

328. 使用自动工业分析仪测定煤的水分、灰分和挥发分的方法提要分别是什么？主要的仪器设备包括哪些

（1）自动工业分析仪测定试样的方法提要

① 水分测定：称取一定量的一般分析试验煤样，于加热炉内，在105～110℃下于空气或氮气流中干燥到质量恒定，根据煤样的质量损失计算煤样的水分质量分数。

② 灰分测定：称取一定量的一般分析试验煤样，于加热炉内，按规定的程序加热至(815±10)℃，并在此过程中于空气或氮气流中灰化并灼烧至质量恒定，根据残留物的质量损失计算煤样的灰分质量分数。

③ 挥发分测定：称取一定量的一般分析试验煤样，于加热炉内，在(900±10)℃下隔绝空气加热10min，以减少的质量占煤样质量的质量分数，减去该煤样的水分质量分数作为煤样的挥发分质量分数。

（2）自动工业分析仪应包括高温炉、内置天平、试样承接和传送装置、温度测控和显示系统、炉膛气氛控制系统、结果显示和打印装置等。

329. 仪器法测定煤中碳、氢、氮的方法原理是什么

已知质量的煤样在高温和氧气流中充分燃烧，煤中的碳、氢、氮完全燃烧生成二氧化碳、水和氮气/氮氧化物混合物。由特定的处理系统滤除对测定有干扰的影响因素（如硫、氯等的燃烧产物），并将氮氧化物全部还原为氮气。煤中的碳、氢、氮的含量分别以二氧化碳、水蒸气和氮气的形式由特定的检测系统（如非色散红外检测器、热导池检测器等）定量测定。

330. 当没有实测氢含量时，如何利用挥发分等工业分析指标来估算其氢含量

煤中氢含量是计算收到基低位发热量的主要参数之一。由于设备价格和维护使用成本较高，大部分水泥企业未购置元素分析仪，故一个简便而具有一定准确性的计算氢含量的方法，是具有实际意义的。

我国煤炭科学研究院的专家研究了利用工业分析结果计算煤的元素成分的方法，提出了一系列的计算公式。

（1）以烟煤为主的企业可采用以下公式：

① 计算 $V_{daf}\leqslant 8\%$ 的无烟煤中 H_{daf} 的方程式

$$H_{daf}=0.0444V_{daf}+0.494$$

② 计算 $V_{daf}>8\%\sim 24\%$ 的硬煤中 H_{daf} 的方程式

$$H_{daf}=0.075V_{daf}+3.29$$

③ 计算 $V_{daf}>24\%\sim 40\%$，焦渣特性为3～8的烟煤中 H_{daf} 的回归式

$$H_{daf}=0.053V_{daf}+3.61$$

④ 计算 $V_{daf}>40\%$，焦渣特性为 3～8 的烟煤中 H_{daf}的回归式

$$H_{daf}=0.094V_{daf}+1.92$$

⑤ 计算 $V_{daf}>24\%$，焦渣特性为 1～2 的各种烟煤中 H_{daf}的回归式

$$H_{daf}=0.074V_{daf}+2.16$$

(2) 利用 V_{daf}来计算 H_{daf}时，应先按下列各式对实测 V_{daf}值进行校正。

① 当 $A_d>25\%\sim30\%$时，其校正的 V_{daf}值按下式求算：

$$V_{daf}(校)=0.85\,V_{daf}(测)-0.1A_d$$

② 当 $A_d>30\%\sim40\%$时，其校正的 V_{daf}值按下式求算：

$$V_{daf}(校)=0.8\,V_{daf}(测)-0.1A_d$$

③ 当 $A_d>400\%$时，其校正的 V_{daf}值按下式求算：

$$V_{daf}(校)=0.85\,V_{daf}(测)-0.1A_d$$

(3) 还有专家推导出了以挥发分和灰分为参数的用于计算烟煤 H_{daf}的回归式，有 95%的煤样误差在±0.48%以内。

$$H_{daf}=2.888+0.393\sqrt{V_{daf}}-0.0023A_d$$

对于褐煤的氢含量可用下式计算：

$$H_{daf}=0.835V_{daf}+1.206$$

对无烟煤及 V_{daf}小于 24%的烟煤，其 H_{daf}值可用下式估算：

$$H_{daf}=\frac{V_{daf}}{(0.1462\,V_{daf}+1.1124)}$$

为了提高氢含量的计算精度，各水泥企业可根据大量实测的工业分析结果和氢含量自行推导出误差最小的计算氢含量回归式。

目前市面上自动工业分析仪或量热仪上均带有计算氢含量的功能，基本采用的都是以上经验公式，给没有元素分析仪的生产企业带来了一定便利，如果在日常例行试验中，可以用仪器上经验公式获得氢含量去计算收到基低位发热量，但进行煤源选择、热平衡计算、发热量测定考核时，必须按标准方法实测氢含量。

331. 实际生产中常用到的由煤的空气干燥基恒容低位发热量如何换算成收到基恒容低位发热量

煤的空气干燥基恒容低位发热量（$Q_{net.v,ad}$）按下式换算成收到基（$Q_{net.v,ar}$）恒容低位发热量：

$$Q_{net.v,a}=Q_{net.v,ad}\times\frac{100-M_t}{100-M_{ad}}-23\times\left(M_t-M_{ad}\times\frac{100-M_t}{100-M_{ad}}\right)\ (J/g)$$

或者用卡制表示

$$Q_{net.v,ar}=Q_{net.v,ad}\times\frac{100-M_t}{100-M_{ad}}-5.4\times\left(M_t-M_{ad}\times\frac{100-M_t}{100-M_{ad}}\right)\ (cal/g)$$

式中 $Q_{net.v,ar}$——煤的收到基恒容低位发热量(J/g)；

$Q_{net.v,ad}$——煤的空气干燥基恒容低位发热量(J/g)；

M_t——煤的收到基全水分的质量分数(%)；

M_{ad}——煤的空气干燥基水分的质量分数(%)。

332. 将实物煤耗折算成标准煤耗的公式是什么

$$m_r = \frac{实物煤耗 \times Q_{net,ar}}{29300}(kg 标煤 /t 熟料)(J/g)$$

式中　m_r——标准煤耗(J/g)；

$Q_{net,ar}$——应用基低位发热量(J/g)。

或者用卡制计算：

$$m_r = \frac{实物煤耗 \times Q_{net,ar}}{7000}(kg 标煤 /t 熟料)(cal/g)$$

式中　$Q_{net,ar}$——应用基低位发热量(cal/g)。

2.2.3　三级物理检验部分

333. 如何检验标准稠度和凝结时间测定用维卡仪

(1) 准备检测工具。检测工具主要包括以下几种：

① 分度值为 0.05mm 的游标卡尺；

② 钢板尺；

③ 外径百分尺。

(2) 列出检测项目。维卡仪的检测项目主要有以下几项：

① 滑动部分的总质量；

② 试锥和试杆光洁度；

③ 试杆直径；

④ 试针直径和长度；

⑤ 标尺读数的刻度范围；

⑥ 仪器外表。

(3) 进行仪器检测。标准稠度测定用试杆有效长度为(50±1)mm，直径为(10±0.05)mm。

测定凝结时间用试针初凝有效长度为(50±1)mm、终凝为(30±1)mm。直径为(1.13±0.05)mm 的圆柱体，滑动部分的总质量为(300±1)g。

试杆、试针联结的滑动杆表面应光滑，能靠重力自由下落，不得有紧涩和晃动现象。

(4) 检测结果，认真填写记录。

334. 何谓水泥净浆需水性？影响水泥净浆需水性的主要因素是什么

水泥净浆需水性是指水泥加水后，用一定仪器，经一定时间的搅拌，使水泥净浆达到特定的可塑状态时的需水量。用拌合水质量之比和水泥质量之比的百分数表示，称为水泥标准稠度用水量。

影响水泥净浆需水性的主要因素有熟料成分、水泥粉磨细度、水泥中混合材料种类及掺加量。熟料矿物中，C_3A 的需水性较大，C_2S 的需水性较小；熟料中游离氧化钙含量及碱含量高时，均使需水性增大；水泥粉磨越细，需水性越大；所使用的水泥混合材料，如硅藻土、烧黏土、沸石等本身需水性很大，若此类混合材料掺加量大，则会提高水泥的需水性。

335. 水泥胶砂流动度测定仪的主要构造是什么？如何检查跳桌的落距是否合格

（1）水泥胶砂流动度测定仪主要由跳桌和附件构成。跳桌包括推杆、圆盘、托轮、凸轮，附件包括圆柱捣棒、截椎圆模、模套和卡尺。

（2）用专用量块测量落距。将 10.20mm 的专用量块放在机架顶面和凸肩平面之间，转动凸轮，凸轮与托轮不接触。将 9.80mm 的专用量块放在机架顶面和凸肩平面之间，转动凸轮，凸轮最高点与托轮接触。符合以上情况为合格，否则为不合格。

336. 引起水泥安定性不良的因素有哪些

导致水泥安定性不良，一般是由于熟料中的游离氧化钙、游离氧化镁或掺入的石膏过多等原因所造成。其中，f-CaO 是一种最常见、影响也最严重的因素。死烧状态的 f-CaO 水化速度很慢，在硬化的水泥石中继续与水生成六方板状的 $Ca(OH)_2$ 晶体，体积增大近一倍，产生膨胀应力，以致破坏水泥石。其次，是游离氧化镁，即方镁石，它的水化速度更慢，水化生成 $Mg(OH)_2$ 时体积膨胀 148%。但急冷熟料的方镁石结晶细小，对安定性影响不大。再次，是水泥中 SO_3 含量过高，即石膏掺入量过多，多余的 SO_3 在水泥硬化后继续与水和 C_3A 形成钙矾石，产生膨胀应力而影响水泥的安定性。若水泥熟料中 f-CaO 和方镁石过高，磨制水泥时又加入过量的石膏，这些因素互相叠加，就会使水泥的安定性严重不良。

337. 如何提高水泥强度试验准确性

水泥强度检验误差主要由仪器设备、试验条件和试验操作等原因造成。因此，减少强度试验误差必须从以下三个方面入手。

（1）实行各种仪器设备的标准化管理

检验水泥强度应选择标准的仪器设备，并在使用中经常注意定时校准和维护，以保证所用仪器设备准确可靠。试体成型设备如胶砂搅拌机、胶砂振动台、试模和下料漏斗等，必须按国标要求定期进行校准。对超出标准要求误差范围的设备要及时进行维修和更换。抗折机和抗压机必须按标准要求定期标定。抗折夹具和抗压夹具对强度结果的影响非常大，因此，在更换新夹具时，必须按照标准规定认真检查，同时进行新旧夹具的对比试验，以保证试验结果的准确性。平时，要选择一副抗折和抗压夹具作为标准夹具，用以定期校正所使用夹具的准确性。

(2) 按国家标准严格控制试验条件

强度检验中的试验条件，主要包括水泥试样的保存条件、标准砂和试验水的质量以及试体成型养护条件。试验条件的优劣与强度结果关系极大，试验中，必须按国家标准要求严格控制，特别对试体养护条件，更应经常检查，成型室、养护箱和养护水的温度要控制在标准允许的正常范围内。

(3) 减小试验操作误差

在水泥强度检验中，从样品混合、试体成型、养护和破型整个过程，每个操作环节，对强度试验结果都可能产生影响。因此，正确、熟练和统一的试验操作是提高试验准确性的重要保证。工作中，必须严格按标准规定的操作规程进行操作，尽量减小试验操作误差。

338. 水泥强度检验方法中规定灰砂比为 1∶3.0 的原因是什么

成型试体的胶砂中，水泥与标准砂的质量比称为灰砂比。《水泥胶砂强度检验方法（ISO 法）》（GB/T 17671—1999）规定水泥强度检验的灰砂比为 1∶3.0，是通过采用不同灰砂比的大量对比试验并结合水灰比的选择而确定的。其优点是：

(1) 最适宜于成型操作，它比较接近于多数现浇混凝土的水灰比。

(2) 胶砂的和易性好，泌水率低，易于成型，试体强度跳差小，结果复演性好。

(3) 强度测定数值较高，压力强度破坏总吨位较大，便于强度等级的划分和原有压力机的利用。

(4) 与混凝土强度的相关性比较好。

(5) 与国际上多数国家的水灰比和灰砂比的综合情况比较接近，与国家标准相一致。

339. 为什么国家标准规定用砂浆法检验水泥强度

水泥强度可以通过水泥净浆、混凝土和砂浆等方法进行检验。水泥净浆只能反映水化水泥浆的内聚力，不能反映出水化水泥浆对砂石的胶结能力，不符合水泥在混凝土中的实际使用情况。混凝土法能较好地反映水泥在混凝土中的作用，但由于砂石条件很难统一，检验工作也很麻烦，故很少用来作为水泥标准强度检验方法。砂浆法既克服了净浆法的缺点，又避免了混凝土法条件难以统一的困难。所以，国家标准规定用砂浆法作为水泥强度检验方法。为了提高检验结果的可比性，各国都规定采用统一技术要求的标准砂来配制砂浆。

340. 水泥胶砂成型振实台的主要技术参数是什么

主要技术参数是：

(1) 振幅：(15.0±0.3)mm；

(2) 频率：60 次/(60±2)s；

(3) 台盘上（包括臂杆、模套和卡具）的总质量：(13.75±0.25)kg；

(4) 止动器的工作面与台盘表面及两根臂杆平衡，凸头的工作面为球面，其球半径为(75±1)mm；

(5) 台盘中心到臂杆轴中心的距离为(800±1)mm；

(6) 两根臂杆及其十字拉肋的总质量为(2.25±0.25)kg；

(7) 台盘中心到滚轮和凸轮轴线的水平距离为(100±1)mm；

(8) 控制器计数器灵敏可靠，能控制振动 60 次后自动停止。

341. 水泥胶砂强度检验前的准备工作有哪些

(1) 水泥试样在取样后通过 0.9mm 方孔筛，以确保试验中试样的分量，保护仪器设备的安全，同时还可了解水泥的风化状态和粉磨中存在的问题等，过筛时要记录筛余物状况，筛后将试样集中并做好编号。并不是每次试验前都筛一次，凡在取样后已通过 0.9mm 方孔筛，而且没有明显风化的样品不宜再过筛，因为任何一次过筛都会给样品带来新的不确定因素，特别是重要的试验，对再次过筛更应慎重。

过筛后的样品若在 24h 以后进行试验，应将样品密封保存，所用容器的材质要对水泥无害，大小基本上要被试样充满，密封性能要达到不漏气。

封装的样品在进行试验前，为达到与实验室的温度一致，一般要提前一天送到实验室。

(2) ISO 标准砂的颗粒范围很宽。虽然 GB/T 17671—1999 中规定可单级包装，试验时分别称出各单级砂并在搅拌时按粗、中、细的顺序加入，但这样做难以保证单级砂的分离状态在许可的范围内，单级砂称量工作会互相交叉而容易引起失误，所以最好使用由工厂预配合的 1350g 一袋的 ISO 标准砂，其质量容易溯源。

试验用的 ISO 标准砂也应与实验室温度一致，存放时也需防水，因为在包装时为了排除塑料袋中的空气，每一袋上都扎有一个针眼，遇水浸泡时同样会进水。

(3) ISO 强度检验方法对实验温度的要求是(20±2)℃(热带国家为 25℃)，湿气养护箱和养护水为(20±1)℃。养护箱篦板的水平状态、湿度、密封状况亦很重要。

(4) 采用 GB/T 17671—1999 的产品标准，将根据产品的特点采用不同的试验水灰比。通用硅酸盐水泥要求用水量在 0.50 水灰比的基础上以胶砂流动度≥180mm 来确定，否则要增加水量。大多数特种水泥要进行流动度测定，而且其基准水灰比也不尽相同。

342. 水泥强度快速测定的方法是什么

建材行业标准《水泥强度快速检验方法》(JC/T 738—2004) 中规定了水泥

强度快速检验方法，此方法适用于硅酸盐水泥、普通硅酸盐水泥、矿渣硅酸盐水泥、火山灰质硅酸盐水泥和粉煤灰硅酸盐水泥。具体检验步骤如下：

（1）试体的成型与养护。按照 GB/T 17671—1999 的规定成型的试体，带模放入（20±1)℃标准养护箱中养护 4h±15min。

（2）湿热养护。带模试体经预养后，取出放入 650mm×350mm×260mm 的湿热养护箱内，盖好箱盖，立即升温，从室温开始在 1.5h±10min 内使箱温升至 55℃，并在(55±2)℃下恒温 18h±10min 后，取出试模，在室温下冷却(50±10)min，脱模后破型。

（3）破型与计算。按 GB/T 17671—1999 的有关规定进行。

（4）28d 强度的预测。水泥 28d 抗压强度按下式计算：

$$\widehat{R}_{28} = A \cdot R_k + B$$

式中 $\widehat{R}_{28}$——预测的水泥 28d 抗压强度（MPa）；

R_k——快速测定的水泥抗压强度（MPa）；

A、B——待定常数。

343. 为什么仪器标准中规定抗折机加荷与支撑圆柱须都转动？标准对抗折机夹具有何技术要求

（1）如果抗折机夹具的加荷和支撑圆柱有的固定，有的转动，则将产生不同的转动摩擦和滑动摩擦。使用一段时间后，会转动的圆柱与试体表面仍为线接触，另一个由于滑动摩擦的磨损则成为面接触，将影响试验结果。所以，仪器标准中规定抗折夹具的三个圆柱都转动是合理的。

（2）抗折机夹具的主要技术要求

① 加荷圆柱与支撑圆柱直径：(10±0.1)mm。加荷圆柱与支撑圆柱有效长度：≥46.0mm。

② 两支撑圆柱中心距：(100±0.1)mm。

③ 两支撑圆柱平行度：不大于 0.1mm。

④ 加荷圆柱和支撑圆柱都应转动，配合间隙：不大于 0.05mm。

⑤ 上下夹具的中心线应重合，同轴度不大于 ϕ0.1mm。

344. 压力机的球座灵活与否对试验结果有何影响？为什么

在抗压试验过程中，压力机球座灵活与否对试验结果影响较大。压力机球座的作用是为使试块破型时能自由调整压板，使其破型时与试块保持紧密的接触。如果球座不灵活，就失去了压板自由调整的作用，致使压板与试块不能紧密接触而使试验结果偏低。在压力机的使用过程中，必须对球座经常检查和加油，以保持球座的灵活性。

345. 简述透气法测定水泥比表面积的工作原理是什么

透气法测定比表面积是根据空气在常压下透过具有一定空隙率和固定厚度的

试料层时所受的阻力，计算出试料的比表面积。试料越细，阻力越大，则一定量的空气透过同样厚度的试料层时所需的时间就越长，计算的比表面积就越大。

346. 水泥比表面积测定结果如何确定及影响水泥比表面积测定的因素有哪些

（1）水泥比表面积测定结果的确定

水泥比表面积由二次试验结果的平均值确定，计算应精确至 $10cm^2/g$，$10cm^2/g$ 以下的数值按 4 舍 5 入计算。每次试验结果由与所得平均值相差不得超过 2%以内的二次试验结果的平均值来确定。

（2）影响测定的因素

① 试样捣实的影响。试样层内空隙分布均匀的程度对比表面积测定有一定的影响。因此对试样的捣实方法有必要加以统一，以确保测定结果准确。试样放入圆筒中后，如果在自然状态下用捣器捣实，上下孔隙分布就很不均匀。

② 空隙率的影响。试料层的空隙率，P·Ⅰ、P·Ⅱ硅酸盐水泥一般为 0.500±0.005，其他水泥或粉料空隙率选用 0.530±0.005，不能压至规定位置时允许改变空隙率。在测定需要相互比较的物料时，空隙率改变不应太大，否则会影响试验结果的可比性。

③ 上下扩大部分使用范围的影响。从理论上讲，上下扩大部分所测得的比表面积结果应该是一致的。细度较粗的试样，如用上面的扩大部分，则测定的时间很短，易产生试验误差。因此对于测定时间小于 35s 的试样，应使用下面扩大部分来测定。

④ 密度的影响。密度是决定试样称取量的一个因素，同时在比表面积的计算公式中也要采用。因此密度结果的准确与否，直接影响试样层的空隙率和比表面积的测定结果。

⑤ 读数的影响。压力计管后面装有一平面镜，可减小由于操作人员的读数误差而引起的误差。在测定时只要保持刻度线液面的凹液面与平面镜中影子重合即可减小人为误差，提高试验的复演性。

⑥ 液面高度的影响。当液面高于正常高度时，气压计产生的压差减小，气体流速慢，通过水泥层的时间延长，测得的比表面积偏大；反之则偏小。因此，气压计中有色液体液面高度应保持在与测定仪器常数时的液面高度一致。

347. 水泥匀质性和均匀性有什么区别

匀质性是指某一时期单一品种的水泥的 28d 强度变化的稳定程度。

均匀性是指某一时期单一编号水泥 10 个分割样 28d 的强度的均匀程度。

两者侧重点不同。均匀性仅反映某一编号水泥的均匀程度，并不能反映出在某一时期所有该品种该等级水泥的匀质性。匀质性试验更能反映出水泥厂出厂水泥的质量匀质性和稳定性，为水泥出厂、出库提供重要依据。

348. 什么是水泥的保水性和泌水性

进行水泥性能试验配制砂浆和混凝土时，常发现不同品种的水泥呈现不同的现象。有的水泥凝结时会将拌合水保留起来，水泥的这种保留水分的性能就称作保水性。有的水泥在凝结过程中会析出一部分拌合水，这种析出的水往往会覆盖在试体或构筑物的表面上，或从模板底部溢出来，水泥析出水分的性能称为泌水性或析水性。保水性和泌水性实际上是指一件事的两个相反现象。

349. 水泥的泌水性对混凝土有什么危害

泌水性对制造均质混凝土是有害的。因为从混凝土中泌出的水常会聚集在浇灌面层，这样就使这一层混凝土和下次浇灌的一层混凝土之间产生一层含水较高的间层，将妨碍混凝土层与层间的结合，因而破坏了混凝土的均质性。同时，这种分层现象还会在混凝土内部发生，这时析出来的水分就会聚集在粗集料和钢筋的下表面，结果不仅将使混凝土对钢筋的握裹力大为减弱，而且还会因为这些水分的蒸发遗留下许多微小的空隙，从而降低了构件的强度和抗水性。

350. 水泥混凝土的体积变化共分哪几种

水泥砂浆和混凝土在水化硬化和使用过程中，其体积变化共有如下几种：

（1）自身收缩。水泥和水后，水泥与水的绝对体积由于水化原因而减小，这种因水泥水化时绝对体积减缩而引起的收缩称为自身收缩。

（2）干燥收缩。因硬化水泥浆体中水分的蒸发而引起的收缩称为干燥收缩。其原因主要由于较小的毛细管的凝胶水失去时而引起。

（3）碳化收缩。在一定的相对湿度下，空气中的 CO_2 会使水泥硬化浆体的水化产物如 $Ca(OH)_2$、水化硅酸钙、水化铝酸钙和水化硫铝酸钙分解，并释放出水分而导致混凝土的收缩。因上述原因引起的收缩称为碳化收缩。

（4）湿胀。当水泥砂浆或混凝土保持在水中时，硬化水泥浆体中的凝胶粒子会因被水饱和而分开，从而使砂浆或混凝土产生一定量的膨胀，这种膨胀称为湿胀。

（5）因化学反应而引起的膨胀。这类膨胀可分为两大类，一类是水泥混凝土使用过程中因硫酸盐侵蚀或碱-集料反应等原因而产生膨胀；另一类是在配制混凝土时使用膨胀水泥、自应力水泥或膨胀剂而使水泥混凝土产生的膨胀。

351. 物检复验是怎样规定的

物检复验是指某编号水泥出厂后，生产企业发现质量不合格或用户对水泥质量提出异议时，为了进一步核准该编号水泥的质量指标，将该编号水泥重新进行检验。

对复验的要求是：

（1）复验的样品必须用该编号的封存样，或与用户共同在现场取样。

（2）复验必须由水泥质量监督检验机构进行，生产企业无权复验。

(3) 复验以一次为准。

352. 水泥为何要划分等级？确定等级的主要依据是什么

在水泥生产过程中，由于工艺技术条件及其他原因，各厂家生产的水泥其强度是有很大差别的。为了把水泥质量按强度高低分出等级，同时为了根据水泥强度推算设计混凝土标准量，因此实际中须将水泥按强度高低划分出强度等级。

在水泥混凝土的强度增进过程中，水泥混凝土有一个凝结硬化、强度由低到高发展的过程。一般在 28d 以前水泥强度增长速度很快，28d 以后增长速度越来越慢，根据水泥的这个特性和混凝土施工速度的要求，一般混凝土的使用强度都以 28d 强度为基准，因此水泥也以 28d 强度作为划分水泥强度等级的主要依据。

353. 出厂水泥（通用硅酸盐水泥）的质量要求是什么

(1) 出厂水泥物理性能符合产品标准规定的合格率 100%。

(2) 28d 抗压富裕强度合格率 100%。

(3) 28d 抗压强度控制值≥水泥国家标准规定值＋富裕强度值＋3s。

$$s=\sqrt{\frac{\sum(R_i-\overline{R})^2}{n-1}}$$

式中 s——月（或一统计期）平均 28d 抗压强度标准偏差；

R_i——试样 28d 抗压强度值（MPa）；

$\overline{R}$——月（或一统计期）样品 28d 抗压强度平均值（MPa）；

n——样品数，$n\geqslant 20$。当小于 20 时与下月合并计算。

(4) 28d 抗压强度月平均变异系数合格率 100%。强度等级 32.5 变异系数 $C_v\leqslant 4.5\%$，强度等级 42.5 变异系数 $C_v\leqslant 3.5\%$，强度等级 52.5 及以上变异系数 $C_v\leqslant 3.0\%$。

(5) 均匀性合格率 100%。每季度进行一次均匀性试验，28d 抗压强度变异系数 $C_v\leqslant 3.0\%$。

(6) 化学性能符合相应标准规定的合格率 100%。

(7) 混合材料掺量合格率 100%。

(8) 水泥包装袋品质合格率 100%。

(9) 袋装水泥随机抽检 20 袋的总质量不小于 1000kg，单袋净含量不小于 49.5kg，合格率 100%。

354. 控制水泥熟料中氧化镁含量的作用是什么

水泥熟料中的氧化镁主要是由原料带入。配料用石灰石中氧化镁含量过高时，烧成的熟料就会形成未化合的游离氧化镁（即方镁石）。此游离氧化镁由于缓慢的水化和体积膨胀可使硬化后的水泥石结构破坏，因此各国标准中均规定了氧化镁最高允许含量。

水泥或水泥熟料中氧化镁含量超过国标限量要求时要进行压蒸安定性试验，

这是因为水泥中氧化镁总量和游离氧化镁含量没有一定比例关系，其比例随配料成分和生产工艺条件不同而变化很大。在某些特定条件下有可能游离氧化镁含量过高（或晶体很大），造成后期膨胀的潜在危害性。由于游离氧化镁比游离氧化钙更难水化，沸煮安定性法不能检定，因此必须用压蒸试验进行检验，在高温高压条件下，使 MgO 加速水化。如果安定性合格，对水泥安定性及工程质量就有了更可靠的保证。

355. 试验操作对强度有什么影响

（1）试样的削平操作对强度有较大的影响。如果削平的手法掌握不适当，去胶砂时，往往会使试样中出现裂纹和缺陷，对成型好的胶砂扰动较大，强度会明显偏低。为稳定操作，减小偏差，操作人员应相对稳定，并定期在各道工序上进行操作。对个人操作平行误差，应严格要求在±3%以下。

（2）破型时加荷速度不同对试验结果的影响。加荷速度对强度测定结果的影响很大，一般加荷速度越快，强度测定值越高。因此标准中明确规定了抗折与抗压破型的加荷速度。检验人员必须严格按标准要求进行破型。

356. 液压式压力机由哪几部分组成？液压式压力机压力升不上的原因有哪些

（1）液压式压力机由主体部分的油缸、工作油缸和测力部分的测力油缸所组成。油缸与工作油缸及测力油缸之间用管道连接，构成密闭的油压系统。压力机工作时，油缸将油压到工作油缸，工作油缸活塞上升使试体受力，测力油缸活塞下降显示测力值，余油管使缸内余油流入油盘。送油管输送油液至油缸，回油管将油送回油箱。

（2）压力机压力升不上时，首先从循环上找原因。一看所用循环油是否符合压力机用油标准；二看循环油中是否混入空气。油是不可压缩的，而空气是可以压缩的，由于空气的存在并与油混合就成为可以压缩的弹性体，从而不断循环导致荷载不稳定，因而必须加以排除。

如果排气和用油问题解决后，压力仍升不到满载，就要从油路系统找原因。油路系统由泵、油箱、送油阀、工作油缸、测力油缸及各油管接头等组成。漏油是压力升不上去的重要原因。另外，压力机用油的黏度对压力机上升有较大关系。若各种原因排除后，压力仍升不上去，应检验油的黏度是否符合试验机说明书上用油黏度的要求。

357. 抗压夹具的主要技术要求是什么

抗压夹具的具体要求是：

（1）上、下压板宽度：(40±0.1)mm；长度：大于 40mm；厚度：大于 10mm。

（2）上、下压板的平面度为 0.01mm。

(3) 上、下压板表面粗糙度不高于 *Ra*0.1、不低于 *Ra*0.8。

(4) 上、下压板材料应采用洛氏硬度高于 58HRC 的硬质钢，传压柱材料应采用洛氏硬度高于 55HRC 的硬质钢。

(5) 上压板上的球座的中心应在夹具中心轴线与上压板下表面的交点上，偏差不大于 1mm。

(6) 球座应为环带接触，环带的位置大约在球座的 2/3 高处，宽 4～5mm。

(7) 上、下压板长度方向的两端面边应相互重合，不重合边最大偏差不大于 0.2mm。

(8) 传压柱中心轴线与上压板中心及下压板中心的同轴度不大于 0.2mm。

(9) 上压板随着与试体的接触应能自动找平，但在加荷过程中上、下压板的相对位置应保持固定。

(10) 下压板的表面对夹具的轴线应是垂直的，并且在加荷过程中应保持垂直。

(11) 上、下压板自由距离大于 45mm。

(12) 定位销的材料硬度应高于 55HRC。定位销高度不高于下压板表面 5mm，间距为 41～55mm。两定位销内侧连线与下压板中心线的垂直度小于 0.06mm，定位销内侧到下压板中心的垂直距离为(20.0±0.1)mm。

(13) 框架底部中心定位孔直径为(8.0±0.1)mm，深度为 8～10mm。

(14) 传压柱进行导向运动时，垂直滑动而不发生摩擦和晃动，上端中心工艺孔直径为(8.0±0.1)mm，深度为 8～10mm。

(15) 导向销与导向槽配合光滑，无阻涩和旷动。

(16) 当抗压夹具上放置 2300g 砝码时，上下压板间的距离应在 37～42mm 之间。

(17) 外表面应平整光洁，无碰伤和划痕。底座平齐，无凸出或凹进。下压板与框架接触紧密。

358. 化验室为什么要进行小磨熟料物理检验

进行小磨熟料物理检验主要有以下作用：

(1) 通过对出窑熟料的定期检验，可以验证生料配料方案是否合理。如果在生产条件稳定的情况下，熟料强度高，f-CaO 含量低，则说明生料配料方案比较合理；反之，则说明配料方案不合理。

(2) 通过对熟料的物理检验，可以验证熟料的煅烧操作情况，如果在正常合理的配料情况下，熟料强度低，f-CaO 含量高，则说明熟料煅烧存在问题，必须加以纠正。

(3) 通过检验熟料的物理性能，可作为水泥制成物料配比的依据，以便合理制定水泥粉磨细度、混合材掺加量及石膏掺加量的各项指标。

（4）进行有关熟料配比的研究试验。

359. 火山灰质混合材料按其成因分为哪几类

火山灰质混合材料按其成因分为天然的和人工的两类。

（1）天然的火山灰质混合材料

① 火山灰：火山喷发的细粒碎屑的疏松沉积物；

② 凝灰岩：由火山灰沉积形成的致密岩石；

③ 沸石岩：凝灰岩经环境介质作用而形成的一种以碱或碱土金属的含铝硅酸盐矿物为主的岩石；

④ 浮石：火山喷出的多孔的玻璃质岩石；

⑤ 硅藻土和硅藻石：由极细致的硅藻介壳聚集、沉积而成的岩石，一般硅藻土呈松土状。

（2）人工的火山灰质混合材料

① 煤矸石：煤层中炭质页岩经自燃或煅烧后的产物；

② 烧页岩：页岩或油母页岩经自燃或煅烧后的产物；

③ 烧黏土：黏土经煅烧后的产物；

④ 煤渣：煤炭燃烧后的残渣；

⑤ 硅质渣：由矾土提取硫酸铝后的残渣。

360. 加水量、沸煮温度及时间对安定性检测结果有何影响

加水量对水泥安定性测定结果有着直接的影响。加水量过多时，水泥中f-CaO水化速度加快；试饼内部孔隙增多，抵消了f-CaO水化产生的膨胀，表现出试饼安定性比实际结果好些。因此，《水泥标准稠度用水量、凝结时间、安定性检验方法》（GB/T 1346—2011）规定：安定性试饼成型时，应按标准稠度用水量加水。

沸煮试饼时温度未达到（加热电阻损坏）或沸煮时间偏短而造成安定性误判的事故在国内并不少见。温度低、沸煮时间偏短导致f-CaO水化不完全，体积膨胀对试饼内部结构的破坏未充分表现出来，这样，测定结果不能反映实际安定性状况。

361. 如何检验水泥助磨剂的助磨效果

（1）将5kg水泥熟料在ϕ500mm×500mm标准试验磨中与二水石膏一起磨细至比表面积约(350±10)m^2/kg，记录粉磨时间T_s，并按《水泥比表面积测定方法　勃氏法》(GB/T 8074—2008)测定比表面积，或按《水泥细度检验方法　筛析法》(GB/T 1345—2005)测定水泥细度(45μm筛筛余)。

（2）将5kg水泥熟料在ϕ500mm×500mm标准试验磨中与二水石膏、推荐掺量的助磨剂一起粉磨T_s，磨两磨。舍弃掺加助磨剂的第一磨样品，并将第二磨样品按GB/T 8047—2008测定比表面积，或按GB/T 1345—2005测定水泥细

度（45μm 筛筛余）。

（3）比表面积的增加值按下式计算：

$$\Delta S = S_2 - S_1$$

式中 ΔS——水泥熟料掺与不掺助磨剂磨制相同时间水泥比表面积增加值（m^2/kg）；

S_2——水泥熟料掺助磨剂磨制 T_s时间的水泥比表面积（m^2/kg）；

S_1——水泥熟料不掺助磨剂磨制 T_s时间的水泥比表面积（m^2/kg）。

水泥细度（45μm 筛筛余）的减少值按下式计算：

$$\Delta D = D_1 - D_2$$

式中 ΔD——水泥熟料掺与不掺助磨剂磨制相同时间水泥细度减少值（%）；

D_1——水泥熟料不掺助磨剂磨制 T_s时间的水泥细度（%）；

D_2——水泥熟料掺助磨剂磨制 T_s时间的水泥细度（%）。

（4）助磨效果。粉磨相同时间，掺助磨剂磨制的水泥与不掺相比，比表面积增加不小于 10m^2/kg，或 45μm 筛筛余减少不小于 2%。

362. 熟料的立升重和 f-CaO 含量的关系是什么

为了及时掌握出窑熟料的质量，除根据其外观特征鉴别外，还可测定熟料的立升重和 f-CaO 含量来鉴别熟料的质量。熟料立升重是指一定粒度熟料单位容量的质量，以 g/L 表示。立升重太低，说明熟料欠烧；反之，则说明熟料过烧。因此，在正常生产情况下，熟料的立升重与 f-CaO 的含量存在着一定范围的反比关系，即熟料立升重高，熟料中 f-CaO 含量低。但是，在实际生产中，也常遇到熟料立升重低而 f-CaO 也低，立升重高而 f-CaO 也高的情况。这是因为，立升重只能反映熟料的烧结情况，而不能反映熟料 f-CaO 吸收反应的完善程度。

影响熟料立升重的主要因素是：

（1）熟料中所含液相量及各种矿物的组成比例和率值。

（2）熟料的烧结过程及冷却过程。

（3）熟料结构的孔隙率和结粒情况。

（4）燃料的加入方式（煅烧工艺的选择）及窑内的气氛和操作水平等。

而熟料中 f-CaO 的含量与原料矿物结构，生料细度，烧成带的温度及反应时间，物料的预烧和烧结过程，煤的热值、灰分和粒度，熟料的矿物组成和率值，熟料中有害矿物种类及含量，物料的易烧性和烧成范围，物料组成的均匀性和稳定程度，窑内的煅烧制度和气氛以及熟料的冷却过程等一系列因素有关。

由此可见，影响熟料立升重的因素与影响熟料中的 f-CaO 含量的因素都是比较复杂的。影响二者的因素并不完全相同。熟料立升重与熟料中 f-CaO 的含量这两个指标的关系也不是固定不变的，应根据生产实际情况寻找两者的关系及变化规律。

363. 水泥压蒸安定性试验注意事项有哪些

（1）试样应通过 0.9mm 方孔筛。试样的沸煮安定性必须合格。为减少 f-CaO对压蒸结果的影响，允许将试样摊开在空气中存放不超过一周再进行压蒸试件成型。

（2）压蒸实验室应不与其他试验共用，并备有通风设备和自来水源。试件长度测量应在成型实验室或温度恒定的实验室里进行。

（3）试模涂机油时注意钉头外露部分不要沾染机油。

（4）试体成型时以小刀划实，尤其钉头部分应多插几次。捣压必须均匀，不得打击。

（5）初长测量前要用校正杆校正比长仪百分表零读数，测量完毕也要核对零读数，如有变动，应重新测量。试件在测长前应将钉头擦干净，试件在比长仪中的上下位置在每次测量时应保持一致。

（6）测完初长的试件应平放在沸煮箱试架上。

（7）沸煮后试件应在 4d 内完成压蒸。试件在试件支架上应留有间隙，压蒸釜内必须加入足量蒸馏水。

（8）压蒸完的试件立即置于 90℃以上的热水中，然后在热水中均匀地注入冷水，在 15min 内降至室温。注水时不要直冲试件表面。

（9）压蒸过程中将温度计与压力表同时使用；安全阀应调节至高于压蒸试验工作压力的 10%；压蒸试验结束放汽时，操作者应站在背离放汽阀的方向；打开压蒸釜盖时应戴石棉手套，以防烫伤。

364. 水泥凝结时间不正常的因素有哪些

（1）熟料中铝酸三钙和碱含量过高时，石膏的掺入量又未随之变化，可引起水泥的凝结时间不正常。

（2）石膏的掺入量不足，或掺加不均匀，会导致水泥中的 SO_3 分布不均，使局部水泥凝结时间不正常。

（3）水泥磨内温度波动较大。当磨内温度过高时，可引起二水石膏脱水，生成溶解度很低的半水石膏，导致水泥假凝。

（4）熟料中生烧料较多。生烧料中含有较多的 f-CaO，这种料水化时速度较快，且放热量和吸水量较大，易引起水泥凝结时间不正常。

（5）水泥粉磨细度过粗或过细时，对水泥凝结时间也有较大影响。

365. 溶解热法测定水泥水化热的注意事项有哪些

（1）水泥试样应通过 0.9mm 方孔筛，并充分混合均匀。

（2）在 900～950℃下灼烧 1h 并在干燥器中冷却的氧化锌应研磨至全部通过

0.15mm 方孔筛。热标定前应将氧化锌在900～950℃下灼烧 5min，在干燥器内冷却至室温。

（3）贝氏温度计或量热温度计、保温瓶及塑料内衬、搅拌棒等应编号配套使用。使用贝氏温度计试验前应用量热温度计检查贝氏温度计零点。使用量热温度计不需要调整零点，可直接测定。

（4）在标定热量计热容量的前 24h 应将保温瓶放入内筒中，酸液搅拌棒放入保温瓶内，盖紧内筒盖，再将内筒放入恒温水槽内。恒温水槽内加水使水面高出试验内筒盖，开启循环水泵使恒温水槽内的水温调整并保持到(20±0.1)℃，然后关闭循环水泵备用。

（5）插入贝氏温度计或量热温度计后，中途不应拔出以避免热量散失。

（6）初测期结束后，加料过程应在 2min 内完成，漏斗和毛刷上均不得残留试样，加料完毕盖上胶塞，避免试验中热量散失。

（7）不同品种水泥所需溶解期测读时间不同，应根据水泥品种合理确定距初测期温度 θ_0 的相隔时间。

（8）热量计热容量应平行标定两次，以两次标定值的平均值作为标定结果。若两次标定值相差大于 5.0 J/℃，应重新标定。

（9）未水化水泥试样的灼烧质量两次相差大于 0.003g 时，应重新补做。

（10）未水化水泥试样的溶解热以两次测定值的平均值作为测定结果。如两次测定值相差大于 10.0J/g，应进行第三次试验，其结果与前两次试验中某一次结果相差小于 10.0J/g，取其平均值作为测定结果。否则应重做试验。

（11）制备好的水化水泥试样应放在湿度高于 50%的密闭容器中，称好的样品应在 20min 内进行试验。

（12）水化水泥试样溶解热测定应在规定龄期的±2h 内进行，以试样加入酸液的时间为准。

（13）每次试验结束后，将保温瓶内筒、贝氏温度计或量热温度计、搅拌棒冲洗干净，并用干净纱布擦干，供下次试验用。涂蜡部分如有损伤、松裂或脱落，应重新处理。

366. 对照试验和对比试验有什么区别

（1）变量不同：对照试验是只有一个条件不同，其他条件都相同。对比试验是将两个研究内容相似的试验进行对比，设置两个或两个以上的试验组，通过对结果的比较分析，来探究某种因素与试验对象的关系。

（2）试验设计不同：对照试验分为空白对照、自身对照、条件对照。如果并不知道两组（或多组）试验中的自变量对试验结果所造成的影响，需要通过试验来进行确定，此时就可以称这些试验为对比试验，对比试验也可称为相互对照试验。

2.3 二级/技师

2.3.1 二级生产过程控制检验部分

367. 密封式气体检测器的结构和工作原理是什么

这种检测器（通常称为正比计数管）用于测定试样中被测元素被激发后发出的荧光X射线。它由一个金属腔和一根通过光柱的导线组成，这根导线是计数器的阳极，它带有1500V的电压。它的内部充满封闭的惰性气体（氩气或氪气）。

它的工作原理是：当荧光X射线射入检测器内，检测器内的气体分子被电离，电离后的气体分子在检测器中形成一个电压脉冲（电压峰值），此脉冲的大小与所吸收的X射线的能量成正比，而单位时间内形成的脉冲数（计数率）与试样中被测元素的含量成正比。因而通过计数率可以求得试样中该元素的含量。

368. 制备X射线标定曲线用标准样品注意事项有哪些

标准样品的基体应与待测试样的大致相同，以尽量减小基体效应的影响。系列标准样品中各元素的质量分数要有各自的变化梯度，其质量分数的范围要覆盖实际试样所可能达到的整个范围。一般要制备10个左右的标准试样。标准样品与待测试样的物理与化学状态、颗粒度、填充度等应相似。标准样品的物理状态与化学性质要稳定、不变质，能长期保存。

369. 闪烁检测器的结构和工作原理是什么

这种检测器用于检测原子序数在40～50的元素发出的荧光X射线。这种检测器由两个独立的部分组成，即闪烁物和光电倍增器，闪烁物是在NaI晶体上涂上铊。

它的原理是：X射线的光子照射到涂有铊的NaI晶体上，其携带的能量转变成光脉冲，然后光电倍增器将光脉冲转变成电压脉冲，最后聚焦放大。

370. 熟料中各氧化物的来源及对煅烧的影响如何

熟料中的CaO主要来源于石灰质原料，SiO_2主要来源于黏土、砂岩，Al_2O_3主要来源于黏土或矾土，Fe_2O_3主要来源于铁粉、铁矿渣，MgO主要来源于石灰质原料，SO_3主要来源于煤、石膏；K_2O+Na_2O主要来源于黏土、煤灰。

CaO是熟料中的主要碱性氧化物，是生成C_3S、C_2S、C_3A、C_4AF等矿物不可缺少的成分，保持合适的CaO含量是提高熟料强度等级的必要措施之一，其含量过高或过低，将直接影响煅烧的难易程度。

SiO_2 是熟料中的酸性氧化物，经高温煅烧后可与 CaO 化合生成 C_3S、C_2S，其含量直接影响到 C_3S 和 C_2S 的生成，影响到熟料质量。其含量高时，烧成困难，不易结块，黏性低，不易挂皮，易产生“飞砂”现象。

Al_2O_3 是熟料中的酸性氧化物，可与 CaO 作用生成铝酸三钙，含量高时 C_3A 生成量多，而且易烧、黏性强。

Fe_2O_3 是形成铁铝酸四钙的主要氧化物，增加其含量可降低熟料烧成温度，料易烧、黏性弱，易结块。

MgO、SO_3、K_2O、Na_2O 均有助熔作用，又都是有害物质，含量多时，易造成水泥安定性不良。SO_3、K_2O、Na_2O 含量过高时，还会造成“硫碱圈”，导致预热器结皮堵塞，直接影响煅烧。

371. 什么是熟料中的玻璃体

熟料中的玻璃体是形状不规则的黑色杂物。它是高温熔融的熟料，在急冷急热作用下，来不及结晶而变成玻璃体状的物质。玻璃体中含有相当多的 Al_2O_3 和 Fe_2O_3 及少量的 CaO 和 MgO。熟料中玻璃体含量高时，可提高熟料质量，玻璃体质脆易磨，可提高水泥磨产量。

372. 简述熟料的烧成过程

生料在煅烧过程中首先进行原料的干燥和脱水，温度达到 900℃左右，$CaCO_3$开始大量分解，并伴随着固相反应的发生，到 1200℃，已大量形成 C_3A、C_4AF 和 C_2S 等矿物。物料在 1300～1450～1300℃范围内，C_4AF、C_3A、MgO 及碱质形成液相，在液相中，C_2S 和 CaO 发生反应生成 C_3S；到达 1450℃时游离 CaO 被充分吸收，当温度降低至 1300℃时，液相开始凝固，将固体组成部分粘结成紧密而牢固的熟料，我们称此过程为熟料的烧成过程。

373. 生产控制实现自动化有哪些优点

（1）稳定产品的质量。使生料磨和水泥磨稳定在最佳工况下运行，保证产品质量，稳定窑热工制度，降低熟料 f-CaO 含量。

（2）增加产量。采用自动控制以后，由于工况稳定，从而减少不正常的工况和事故停车，提高设备运转率和安全运转周期，而且即使出了事故，计算机也能够迅速分析事故原因，采取措施，消除故障，缩短停车检修时间，因此可以提高总产量。

（3）减少消耗，降低成本。由于自动化生产可以稳定运行工况，提高产量，因而可相应地减少原料、燃料和动力消耗，起到降低成本的作用。

（4）提高技术管理水平，减少管理、技术人员和生产工人，有效地提高劳动生产率。

374. 石灰饱和系数（*KH*）公式中的 2.80、1.65、0.35 三个数字的来源依据是什么

目前常用的石灰饱和系数的公式为：

$$KH=\frac{CaO-(1.65\,Al_2O_3+0.35Fe_2O_3+0.7SO_3)-f\text{-}CaO}{2.8SiO_2}$$

这个石灰饱和系数 *KH* 公式是建立在熟料中酸性氧化物形成碱性最强的矿物，即硅酸三钙(C_3S)、铝酸三钙(C_3A)和铁铝酸四钙(C_4AF)为理论基础而推导出来的，从而提出了与各酸性氧化物完全反应的石灰理论极限含量。为便于计算，将铁铝酸四钙(C_4AF)认为是由铝酸三钙(C_3A)和铁酸一钙(CF)相加而成($C_3A+CF=C_4AF$)。

每 1 份质量的 Al_2O_3 形成 C_3A 所需的 CaO 的质量份数为：

$$CaO=\frac{3\times CaO\text{ 相对分子质量}}{Al_2O_3\text{ 相对分子质量}}=\frac{3\times56.08}{101.96}=1.65$$

每 1 份质量的 Fe_2O_3 形成 CF 所需的 CaO 的质量份数为：

$$CaO=\frac{CaO\text{ 相对分子质量}}{Fe_2O_3\text{ 相对分子质量}}=\frac{56.08}{159.70}=0.35$$

每 1 份质量的 SiO_2 形成 C_3S 所需的 CaO 的质量份数为：

$$CaO=\frac{3\times CaO\text{ 相对分子质量}}{SiO_2\text{ 相对分子质量}}=\frac{3\times56.08}{60.09}=2.8$$

以上便是石灰饱和系数（*KH*）公式中各个系数的来源。

375. 何谓矿化剂？它的主要作用是什么

在水泥熟料煅烧过程中，凡是能改善生料易烧性，并加速化合物结晶过程或物理化学反应的少量外加剂称为矿化剂，其主要作用如下：

(1) 能破坏生料中不易起化学反应的某些物质（如结晶二氧化硅）的结晶与分子，使它变成容易起化学反应的物质，加快反应速度，使反应更趋完全。

(2) 能降低液相生产的温度和降低液相的黏度，使 C_3S 矿物能在较低的温度、较快的反应速度下形成，达到强化煅烧的目的。

(3) 加速 $CaCO_3$ 分解。

(4) 阻止某些矿物的形成，促进另一些矿物的形成，即产生定向矿化作用，达到有意识地控制熟料的矿物组成，借以获取高强、快硬的理想熟料。

376. 水泥中 SO_3 过高时对水泥体积安定性有何影响

水泥中的 SO_3 含量主要是由石膏带入。为了调节硅酸盐系列的水泥凝结时间，在粉磨水泥时必须掺加一定数量的石膏。在有石膏的条件下，熟料矿物 C_3A 水化生成钙矾石。

铝酸三钙和石膏生成钙矾石时，固相体积增大 2.22 倍，这种反应是在水泥凝结硬化过程中进行的，水泥混凝土尚具有一定的塑性，因此体积膨胀不会造成混凝土体积安定性不良。若水泥中石膏掺加量过多，在水泥混凝土硬化之后还剩余较多的石膏，则将继续与 C_3A 反应生成钙矾石。由于固相体积增大，发生局部体积膨胀，破坏已经硬化的水泥石结构，造成建筑物强度下降，严重时甚至开裂或崩溃。

377. 影响水泥强度的主要因素是什么

影响水泥强度的因素很多，大体上可分为以下几个方面：水泥的性质、水灰比及试体成型方法、养护条件、操作和时间等。

水泥的性质主要由熟料的矿物组成和结构、混合材料的质量和数量、石膏掺量、粉磨细度等决定，所以不同品种和不同生产方式所生产的水泥，其性能是不同的。水泥只有加水拌和后才能产生胶凝性，加水量多少（即水灰比）对水泥强度值的高低有直接影响，加水量多，强度降低。同时试体的成型方法包括灰砂比、搅拌、捣实等也直接影响水泥强度。水泥胶结材料有一个水化凝结硬化的过程，在此过程中，周围的温度、湿度条件影响很大。在一定范围内，温度越高，水泥强度增长越快；温度越低，增长越慢。潮湿的环境对水泥凝结硬化有利，干燥的环境对水泥凝结硬化不利，特别是对早期强度影响更大。由于影响水泥强度的因素很多，故在检验水泥强度时必须规定特定、严格的条件，才能使检验结果具有可比性。

378. 在质量管理中，标准偏差计算有何重要意义

标准偏差表示一组重复性测定数据中各值偏离平均值的趋势的大小。在实际计算中，如果标准偏差比较小，表明这组数据大多集中在它的平均值附近；如果标准偏差比较大，则表明数据偏离平均值的程度高。对于控制产品质量来说，标准偏差大的产品其质量波动大，工艺因素不稳定。因此，在生产控制中，通过标准偏差计算，可以有效地控制和评价产品质量，评定工艺情况。

379. 如何提高矿渣水泥的早期强度

矿渣水泥的最大特点是早期强度低，因此，如何提高它的早期强度是改善矿渣水泥的主要环节，一般可采用下列措施：

（1）改善熟料矿物的含量。在生产许可的情况下，适当提高熟料中的 C_3S 和 C_3A 含量，可提高水泥的早期强度。

（2）控制矿渣的质量和加入量。研究结果表明，矿渣水泥的早期强度与粒化矿渣的化学成分和玻璃体含量有关，当矿渣化学成分较适宜时，矿渣水泥的早期和后期强度较高，同时水淬的质量对矿渣的活性影响也很大，所以，生产时应选用化学成分和水淬质量较好的矿渣。矿渣加入量越多，水泥的早期强度下降越大，而掺加量适当时早期强度下降不但不大，后期强度还会增高。

（3）提高水泥的粉磨细度。提高粉磨细度，对水泥强度，尤其是早期强度影响很明显，但提高细度会影响磨机产量，增加单位产品电耗，提高水泥成本，因

此，水泥细度的提高，必须结合工厂的具体情况，根据综合技术经济指标确定。

380. 硅酸盐水泥的硬化机理是什么

关于硅酸盐水泥的凝结硬化过程，历来是有争论的，A. A. 巴依科夫根据电子显微镜的研究结果，提出了水泥硬化之阶段的学说，其要点是：

（1）溶解期。从水泥遇水后，颗粒表面开始水化，可溶性物质溶于水中至溶液达到饱和。在此阶段中由于溶解的吸热效应抵消了水化的放热效应，水泥浆体没有显著的发热现象。

（2）胶化期。固相生成物从饱和溶液中析出，因为过饱和程度高，所以沉淀为胶体颗粒，或者直接由固相反应生成胶体析出。随着水化物质的增多，游离水的减少和水化物质的凝聚，水泥浆逐渐失去了塑性，产生了凝结现象。此阶段有显著的发热现象。

（3）结晶期。生成的胶体并不稳定，能重新溶解再结晶，使水泥硬化体的机械强度不断提高，由于结晶过程进行缓慢，故无发热现象。

上述三个阶段，实际上并无严格的界限次序，而是互相交错进行的。水泥的凝结硬化机理，有不少科学家进行探讨，也提出了各种不同的理论，以上仅依 A. A. 巴依科夫的理论对水泥的凝结硬化过程进行了解释。

381. 水泥包装袋技术要求是什么

（1）外观

平整、无裂口、无脱胶、无粘膛并且印刷清晰、完整。

（2）覆膜塑编袋和纸塑复合袋的物理力学性能详见表 2-17。

表 2-17 覆膜塑编袋和纸塑复合袋物理力学性能要求

单位面积质量(g/m^2)			拉伸负荷(N/50mm)				
材料	纸塑复合袋	覆膜塑编袋[a]	经向	纬向	粘合向	褶边向	缝(糊)底向
全新料	≥65	≥71	≥400	≥350	≥250	≥200	≥200
再生料	≥71	≥77					

a 含覆膜质量且覆膜质量应不小于 $6g/m^2$。

（3）适用温度

① 纸袋：适用温度不高于 80℃。

② 覆膜塑编袋（包括有内衬纸的）、复合袋：适用温度有不高于 80℃、不高于 90℃和不高于 100℃三种。

（4）牢固度

① 纸袋：任取五条样袋进行跌落试验，以跌落试验不破次数表示，五条样袋跌落不破次数均应不小于 6 次。

② 覆膜塑编袋、复合袋：任取五条样袋，按（3）规定温度热处理后进行跌

落试验，以跌落试验不破次数表示，五条样袋跌落不破次数均应不小于8次。

（5）制袋材料对水泥强度的影响

3d抗折强度比$R_f \geqslant 93\%$、3d抗压强度比$R_c \geqslant 95\%$。

（6）防潮性能

3d抗压强度比$R_c \geqslant 85\%$。

2.3.2 二级分析检验部分

382. 标准滴定溶液的配制方法有哪几种？如何配制

标准滴定溶液的配制方法通常有两种方法，即直接配制法和间接配制法。

（1）直接配制法

准确称取一定质量的基准物质，溶解于适量水后移入容量瓶中，用水稀释至标线。根据称取基准物质的质量和容量瓶的容积即可算出该溶液的准确浓度。

例如，欲配制1L $c\left(\frac{1}{6}K_2Cr_2O_7\right)=0.025mol/L$ 的$K_2Cr_2O_7$标准滴定溶液时，首先计算需在分析天平上称取溶质的质量m，其公式为：

$$m=c\left(\frac{1}{6}K_2Cr_2O_7\right)M\left(\frac{1}{6}K_2Cr_2O_7\right)\times V=0.025\times 49.03\times 1=1.2258g$$

然后在分析天平上精确称取1.2258g已在105～110℃烘干1～2h的$K_2Cr_2O_7$（基准试剂）并置于烧杯中，加适量水使其溶解后转移到1000mL的容量瓶中，烧杯用水洗净，洗涤液也倒入容量瓶中，再加水稀释至标线，摇匀。如此配好的$K_2Cr_2O_7$溶液，其物质的量浓度为0.025mol/L。

（2）间接配制法

间接配制法又称标定法，是指先粗略地称取一定质量的物质或量取一定体积的溶液，配制成接近于需要浓度的溶液，然后用基准物质或已知浓度的标准溶液确定其准确浓度。其操作被称为“标定”。

例如，欲配制10000mL 0.1mol/L的NaOH标准滴定溶液，可在托盘天平上称取40g的固体氢氧化钠，经过除去Na_2CO_3等杂质的步骤，然后稀释成大约10000mL的体积，摇匀，再用基准物质邻苯二甲酸氢钾（KHP）标定其准确浓度。

383. 标准滴定溶液的标定方法有哪几种？分别举例说明

（1）用基准物质标定

准确称取一定量的基准物质，溶解后用被标定的溶液滴定，然后根据基准物质的质量及被标定滴定溶液所消耗的体积，即可算出该溶液的准确浓度。例如，标定某NaOH标准滴定溶液的浓度时，可称取一定量的邻苯二甲酸氢钾，溶解后，以酚酞为指示剂，用该NaOH溶液滴定至出现淡红色，30s不褪色时即到达终点，经计算可求得此NaOH标准滴定溶液的准确浓度。

设称取的邻苯二甲酸氢钾质量为 $m(\text{KHP})$(g)，滴定时消耗的氢氧化钾标准滴定溶液体积为 $V(\text{NaOH})$(mL)。二者均以分子式所示粒子为基本单元。滴定终点时二者物质的量相等，

即：
$$n(\text{KHP})=n(\text{NaOH})$$
$$m(\text{KHP})/M(\text{KHP})=c(\text{NaOH})V(\text{NaOH})/1000$$

故：
$$c(\text{NaOH})=\frac{m(\text{KHP})\times 1000}{V(\text{NaOH})M(\text{KHP})}(\text{mol/L})$$

（2）用已知浓度的标准滴定溶液标定

用已知浓度的标准滴定溶液与被标定溶液相互滴定，由各溶液消耗的体积和已知的浓度计算被标定溶液的准确浓度。例如，可用已知浓度的 NaOH 标准滴定溶液标定未知浓度的 HCl 溶液，也可用已知浓度的 HCl 标准滴定溶液标定未知浓度的 NaOH 溶液。这种用标准滴定溶液来测定被标定溶液准确浓度的操作过程称为“比较”。显然，这种方法不如直接标定的方法好，因为所用的标准滴定的溶液浓度如果不准确，就会直接影响被标定溶液浓度的准确性。因此，标定时应尽量采用基准物质直接标定法。

（3）用标准物质标定

将已知含量的标准物质，按测定步骤处理，用被标定溶液滴定。由标准物质的质量、已知某成分的含量及被标定溶液所消耗的体积，计算被标定溶液的准确浓度。

所选择的标准物质，其组分应与欲用此标准滴定溶液去滴定的被测物质的组成相近，并且所用的方法也应与标准滴定溶液测定被测物质的方法相同，这样可以消除干扰元素的影响。

例如，粗配 10000mL $c(1/6K_2Cr_2O_7)=0.05$mol/L 的 $K_2Cr_2O_7$ 溶液，然后用水泥生料标准物质标定。为此，称取水泥生料标准物质 0.5000g，经过一系列的操作手续后，用粗配的 $K_2Cr_2O_7$ 溶液滴定。若生料标准物质中含 Fe_2O_3 3.25%，滴定时消耗 $K_2Cr_2O_7$ 标准滴定溶液 4.00mL，则

$$\frac{3.25\%}{4.00}=0.18\%$$

即 1mL 该 $K_2Cr_2O_7$ 标准滴定溶液相当于 0.5000g 生料中 0.18% Fe_2O_3。

此种标定方法所得结果的准确度取决于所用标准物质标准值的准确度。因此，应选用国家一级或二级标准物质。另外，如水泥、熟料、黏土等烧失量易发生变化的标准物质，不宜用来标定溶液的浓度，因其烧失量变化后，其主要成分的含量也发生变化。

384. 标准滴定溶液的标定与结果处理的规定

（1）制备标准滴定溶液的浓度，均指 20℃ 的浓度。在标准滴定溶液标定、直接制备和使用时若温度不为 20℃ 时，应对标准滴定溶液体积进行补正。

（2）在标定和使用标准滴定溶液时，滴定速度一般应保持在 6～8mL /min。

（3）除另有规定外，标定标准滴定溶液的浓度时，需两人进行实验，分别做四平行标定，每人四平行标定结果相对极差不得大于相对重复性临界极差[$CR_{0.95}(4)_r=0.15\%$]，两人共八平行标定结果相对极差不得大于相对重复性临界极差[$CR_{0.95}(8)_r=0.18\%$]。在运算过程中保留 5 位有效数字，取两人八平行标定结果的平均值为标定结果，报出结果取 4 位有效数字。需要时，可采用比较法对部分标准滴定溶液的浓度进行验证。

385. 简述 EDTA 配位滴定的实质及其对反应的要求

（1）EDTA 配位滴定法的实质是以乙二胺四乙酸二钠盐为络合剂的容量分析法。在滴定时采取掩蔽、解蔽、析出和差减等手段，控制不同酸度，以不同的指示剂来消除共存元素的干扰，可在不分离其他组分的情况下（对成分复杂的样品经一次分离）分别测定试样中的多种元素。

（2）EDTA 配位滴定法对反应的要求是：

① 形成的配合物必须是稳定的，配位反应速度要快；

② 在一定的反应条件下，配位数必须稳定（即只形成一种配位数的配合物）；

③ 有简便的确定化学计量点的方法；

④ 在分析混合物时，要求选用具有选择性的配位滴定剂或选择性的指示剂或选择性的掩蔽剂，以提高反应的选择性。

386. 硫氰酸铵容量法测定水泥中氯离子的基本原理是什么

在含有 Cl^- 的硝酸溶液中，加入过量的硝酸银标准溶液，使 Ag^+ 与 Cl^- 生成氯化银沉淀。剩余的 Ag^+，以硫酸铁铵作指示剂，用硫氰酸铵标准滴定溶液进行返滴定，生成白色的硫氰酸银沉淀。终点时稍过量的硫氰酸根离子和 Fe^{3+} 反应生成红色的配合物。

387. （自动）电位滴定法测定水泥中氯离子的基本原理是什么

用电位滴定法，以氯电极为指示电极，其电势随 Ag^+ 浓度而变化。以甘汞电极为参比电极，用电位计测定两电极在溶液中组成的电势，银离子与氯离子反应生成溶解度很低的氯化银白色沉淀。在化学计量点前滴入硝酸根生成氯化银沉淀，两电极间电势变化缓慢，化学计量点时氯离子会全部生成氯化银沉淀，这时滴入少量硝酸银即引起电势急剧变化，指示出滴定终点。

388. 苦杏仁酸置换-硫酸铜滴定法测定二氧化钛的原理是什么？操作应注意哪些问题

（1）测定原理

在滴定铁后的溶液中，加入过量的 EDTA 标准滴定溶液使之与 Al^{3+}、

TiO^{2+}定量配位，再加入PAN指示剂，用硫酸铜标准滴定溶液滴定过量的EDTA，测得铝、钛合量。然后向溶液中加入苦杏仁酸，将已与钛配位的EDTA置换出来，再用硫酸铜标准滴定溶液滴定被置换出来的EDTA，根据此时消耗的硫酸铜标准滴定溶液的量，计算二氧化钛的含量。

用H_2Z代表苦杏仁酸，其反应表达式为：

$$TiOY^{2-} + H_2Z \rightleftharpoons TiOZ + H_2Y^{2-}$$

置换出来的EDTA与Cu^{2+}的反应式为：

$$H_2Y^{2-} + Cu^{2+} \rightleftharpoons CuY^{2-} + 2H^+$$

终点时稍过量的Cu^{2+}与PAN指示剂的反应式为：

$$Cu^{2+} + \text{PAN(黄色)} = \text{Cu-PAN(红色)}$$

（2）操作时应注意的问题

用此法测定黏土、粉煤灰中的二氧化钛，有时滴定终点褪色较快，此时可将溶液冷却到50℃左右，然后加入3～5mL 95%的乙醇溶液，可使终点的褪色速度变慢。

苦杏仁酸置换法适合测定含钛量较低的试样，硅酸盐水泥及其原材料中二氧化钛的含量一般在1%以内，所以可以在同一份溶液中既可测定铝、钛合量，也可测定二氧化钛的含量，方便快捷。

389. 二安替比林甲烷分光光度法测定二氧化钛的原理是什么？操作应注意哪些问题

（1）测定原理

二安替比林甲烷在酸性溶液中形成复合有机阳离子，此阳离子能与$TiCl_6^{2-}$配位离子配位形成黄色配合物。当二氧化钛含量在5×10^{-6}之内时，其浓度与吸光度之间有良好的线性关系，因而可用比色法测定。

（2）注意事项

① 三价铁离子能与二安替比林甲烷生成红色配合物，因而使测定结果产生正误差。可加入抗坏血酸将Fe^{3+}还原成Fe^{2+}，以消除干扰。

② 比色溶液最适宜的盐酸酸度范围是0.5～1.0mol/L。如果酸度太低，一方面很容易引起Ti^{4+}的水解，另一方面以抗坏血酸还原Fe^{3+}时，Ti^{4+}与抗坏血酸形成的黄色配合物不易被破坏，会导致测定结果偏低。如果溶液酸度达1mol/L以上时，则溶液的颜色强度将随溶液酸度的增高而明显下降，且Ti^{4+}浓度越高，下降的幅度越大。

390. 掩蔽的方法有哪些？配位掩蔽剂和沉淀掩蔽剂各应具备什么条件

（1）掩蔽方法

① 配位掩蔽法；

② 沉淀掩蔽法；

③ 氧化还原掩蔽法。

(2) 配位掩蔽剂应具备的条件

① 干扰离子与掩蔽剂形成的配合物应远比与 EDTA 形成的配合物要稳定，而且形成的配合物应为无色或浅色的，不影响终点的判断；

② 掩蔽剂不与被测离子配位，即使形成配合物，其稳定性也应远小于被测离子与 EDTA 的配合物的稳定性，在滴定时才能被 EDTA 所置换；

③ 掩蔽剂的应用要具有符合测定要求的 pH 值范围。

(3) 沉淀掩蔽剂应具备的条件

① 沉淀物的溶解度要低，反应才完全，否则掩蔽效果不好；

② 生成的沉淀应是无色或浅色致密的，最好是晶形沉淀，吸附作用小，滴定终点易于观察。

391. 电子分析天平的称量原理是什么

根据电磁基本原理，通电的导线在磁场中将产生电磁力（或称安培力），力的方向、磁场方向、电流方向三者互相垂直。当磁场强度不变时，产生的电磁力大小与流过线圈的电流强度成正比。秤盘通过支架与线圈相连，线圈置于磁场中，且与磁力线垂直。秤盘及被称物体采用弹簧片支撑，秤盘及被称物的重力通过连杆支架作用于线圈上，方向向下。线圈内有电流通过时，产生一个向上作用的电磁力，与秤盘重力方向相反。若以适当的电流流过线圈，使其产生的电磁力大小正好与重力大小相等，则二力大小相等、方向相反，处于平衡状态。位移传感器处于预定的中心位置。当秤盘上的物质质量发生变化时，位移传感器检出位移信号，经调解器和放大器改变线圈的电流，直至位移传感器回到中心位置为止。通过线圈的电流与被称物质的质量成正比，可以用数字显示出物体的质量。

392. 氢氧化钠熔样-EDTA 滴定法带硅测钙为什么要加 KF 溶液？KF 溶液（20g/L）的加入量如何确定

(1) 在不分离硅的条件下，用 EDTA 配位滴定法测定钙，当溶液的 pH 值调至大于 12 时，硅酸会与 Ca^{2+} 生成硅酸钙（$CaSiO_3$）沉淀，干扰测定。为了消除硅酸对钙的干扰，可在酸性溶液中加入适量氟化钾溶液，使硅酸与氟离子作用生成氟硅酸：

$$H_2SiO_3 + 6H^+ + 6F^- = H_2SiF_6 + 3H_2O$$

将溶液稀释碱化后，氟硅酸与 OH^- 作用又游离出硅酸：

$$H_2SiF_6 + 6OH^- = H_2SiO_3 + 6F^- + 3H_2O$$

由于新生成的硅酸分散度大，在其周围的水分子的屏蔽下，与 Ca^{2+} 的结合能力较弱，一般在 30min 以内不会生成硅酸钙沉淀，从而消除了硅酸对测定钙的影响。

(2) KF 溶液（20g/L）的加入量可按表 2-18 的规定加入。

表 2-18 KF 溶液（20g/L）的加入量

被测溶液 SiO_2 的含量（mg）	加入 KF 溶液（20g/L）的量（mL）
＞25	15
15～25	10
2～15	5～7
＜2	可不加

393. 简述碘量法测定硫酸盐三氧化硫的原理和注意事项

（1）基本原理

以磷酸进行预处理除去硫化物。试样去除硫化物后，加入氯化亚锡-磷酸溶液，加热至 250～300℃，将硫酸盐还原为硫化氢气体逸出。反应后生成的硫化氢气体先用锌-氨溶液吸收，生成硫化锌沉淀保存下来。在保留有硫化锌沉淀的吸收液中，加入过量的碘酸钾标准滴定溶液（内含碘化钾）及硫酸溶液。在酸性溶液中，碘酸钾与碘化钾反应生成单质碘，硫化锌沉淀被硫酸溶解又生成硫化氢，生成的硫化氢立即被单质碘氧化。剩余的单质碘用硫代硫酸钠标准滴定溶液回滴定至淡黄色。再加入淀粉指示剂，继续以硫代硫酸钠标准滴定溶液回滴定至蓝色消失，即为终点。

根据 $c(1/6KIO_3)$ 碘酸钾标准滴定溶液的加入量及回滴定时浓度为 $c(Na_2S_2O_3)$ 的硫代硫酸钠标准滴定溶液的消耗体积数，以及二者的体积比，即可算出实际消耗的碘酸钾标准滴定溶液的体积数，从而求得试样中的硫酸盐三氧化硫的质量分数。

（2）操作注意事项

① 试样含硫酸盐三氧化硫 10～15mg 为宜，如水泥试样中硫酸盐三氧化硫含量在 3%左右，则应称样 0.3～0.5g。称取试样前，反应瓶应烘干，以免试样结块。磷酸要预先脱水。氯化亚锡-磷酸溶液每次不宜配制太多，使用时间不应超过两周，否则在酸性介质中氯化亚锡被空气中的氧气氧化，氯化亚锡的还原能力不足，导致测定结果偏低。还原硫酸盐时一定要严格控制加热时间和加热温度。

② 吸收液要有足够的高度。一般使用 400mL 烧杯，内盛 20mL 锌-氨吸收液，并用水稀释至 300mL，通气速度以每秒 4～5 个气泡，即可保证硫化氢被完全吸收。

③ 还原反应结束后，为确保安全，必须先拆下吸收杯中的进气导管，切断吸收液与反应瓶之间的通路，然后拆下反应瓶，最后关闭抽气泵。否则吸收液可能会倒流，炸裂反应瓶。酸化溶液时，要在充分搅拌下慢慢加入硫酸溶液(1＋2)，以免硫化氢未来得及与单质碘反应而逸出，使测定结果偏低。硫酸溶液(1＋2)加入量以 30mL 为宜，不要过多，否则氢离子浓度超过 1mol/L，在下一步滴定时淀粉指示剂将与碘生成红色化合物，使滴定终点不正常。

④ 用硫代硫酸钠标准滴定溶液回滴剩余的碘时，烧杯中的溶液温度不宜太高。淀粉指示剂要现用现配，淀粉指示剂不要在滴定开始时加入，应在回滴定至淡黄色出现时再加入，否则生成淀粉与碘的蓝色化合物，至终点时蓝色不易褪去。

⑤ 碘酸钾标准滴定溶液、硫代硫酸钠标准滴定溶液在标定浓度和使用分析等操作中，均需避免阳光的直接照射。

394. 简述水泥中水溶性铬（Ⅵ）的测定原理

水泥用ISO标准砂和水搅拌成水泥胶砂，经过一定时间搅拌后抽滤，将滤液调整到一定酸度范围内，用二苯碳酰二肼显色，用分光光度计在540nm处测定溶液的吸光度，在工作曲线上查出溶液中铬（Ⅵ）的含量。水泥中水溶性铬（Ⅵ）含量不应高于10.0mg/kg。

395. 火焰光度法测定钾、钠的数据如何处理

火焰光度法测定钾、钠的数据处理有两种方法。

（1）工作曲线法

用待测元素的基准试剂配制成一系列不同浓度的标准溶液，由低浓度到高浓度，分别在火焰光度计上测定检流计读数，以检流计读数与对应的被测元素浓度绘制工作曲线。同时在相同的条件下，测定试样溶液中待测的元素辐射光谱强度，在工作曲线上查得试样溶液中待测元素的浓度，计算其含量。在一定浓度范围内，待测元素浓度 c 与辐射光谱强度 I 呈线性关系。当浓度太高时，曲线呈弯曲现象，一般通过调整称样量和试样溶液的稀释倍数来获得工作曲线的线性关系，要求试样溶液中待测元素的浓度在其工作曲线范围之内。

（2）比较法

选用两个不同浓度的标准溶液，使试样溶液浓度介于这两个标准溶液之间，分别测定其辐射光谱强度。设标准溶液浓度为 c_1、c_2，检流计读数为 A_1、A_2，试样溶液的待测元素的浓度为 c_x，其检流计读数为 A_x，计算见下式：

$$c_x = c_2 + \frac{c_1 - c_2}{A_1 - A_2}(A_x - A_2) \qquad (A_1 > A_2)$$

当 c_2 为0时，A_2 也为0，所以公式变为：

$$c_x = \frac{c_1}{A_1}A_x$$

396. 简述分析误差的分类及产生的原因

分析误差分为系统误差和偶然误差。

（1）系统误差是由于测定过程中某些经常性的原因所造成的误差，使测定结果系统偏高或偏低，重复测定时会重复出现。产生的原因有：

① 分析方法上的错误：由于分析测定方法本身不够完善而引入的误差。如容量分析中由于指示剂选择不恰当，造成终点不明显。

② 分析仪器的错误：分析仪器本身的缺陷造成的误差。如砝码质量、容量仪器和仪表刻度不准确。

③ 试剂或蒸馏水不纯引入的误差：如试剂或蒸馏水中含有被测物质或干扰物质，基准物质纯度不够，使配出的标准溶液浓度偏低等。

④ 个人生理特点所带来的误差：如有的人对颜色变化不甚敏感。

（2）偶然误差是由于一些不定的偶然外因引起的，又称随机误差。产生的原因有：

① 测定时环境的温度、湿度和气压的微小变化。

② 分析人员处理试样的微小差别等因素均会引起偶然误差。

397. 简述分光光度法测定氧化亚铁的基本原理、操作过程与注意事项

（1）基本原理

试样经硫酸-氢氟酸处理后制成溶液，在 pH＝3～9 的溶液中，邻菲罗啉与二价铁离子(Fe^{2+})发生显色反应，反应方程式如下：

$$Fe^{2+} + 3C_{12}H_8N_2 = [Fe(C_{12}H_8N_2)_3]^{2+}$$

该反应的选择性很强，而且生成的红色配合物非常稳定，其溶液在 510nm（可见光）处有最大吸收峰，因此于 510nm 处测定溶液的吸光度。

（2）操作过程

称取 0.2g 试样，精确至 0.0001g，置于 50mL(或 100mL)双盖塑料瓶中，加入 10mL 硫酸(1＋1)、5mL 氢氟酸，盖上瓶盖，放在水浴上加热 30min 左右，然后冷却至室温，加入 5mL 邻菲罗啉溶液(10g/L)、10mL 乙酸铵溶液(100g/L)，用快速滤纸过滤，用水洗涤，滤液和洗液收集于 100mL 容量瓶中，稀释至刻度，摇匀，在避光处放置 30min。迅速使用分光光度计、10mm 比色皿，以水作参比，于波长 510nm 处测定溶液的吸光度。在三氧化二铁的比色工作曲线上查出三氧化二铁的含量，并计算氧化亚铁的含量。

（3）注意事项

① 亚铁离子易被氧化，测定过程中应注意缩短溶液在空气中暴露的时间，整个测定过程快速进行。也可在样品中加入少量碳酸盐，防止亚铁离子被氧化成三价铁离子，影响测定结果。

② 溶液的 pH 值对显色反应速度影响较大。酸度高时，反应进行较慢；酸度太低时，则亚铁离子水解影响显色。为此加入乙酸铵溶液，乙酸铵属弱酸弱碱盐，对溶液的 pH 值有缓冲作用。

398. 简述原子吸收分光光度法测定氧化锌的原理与操作过程

（1）原理

用氢氟酸-高氯酸分解试样，以锶盐消除硅、铝、钛等的干扰，在空气-乙炔火焰中，于波长 213.8nm 处测定吸光度。

（2）操作过程

称取约0.1g试样，精确至0.0001g，置于铂坩埚（或铂皿、聚四氟乙烯器皿）中，加入0.5～1mL水润湿，加入5～7mL氢氟酸和0.5mL高氯酸，放入通风橱内低温电热板上加热，近干时摇动铂坩埚以防溅失。待白色浓烟完全驱尽后，取下冷却。加入20mL盐酸（1＋1），加热至溶液澄清，冷却后，移入250mL容量瓶中，加入5mL氯化锶溶液（50g/L），用水稀释至刻度，摇匀。

直接取用上述溶液，用原子吸收分光光度计，在空气-乙炔火焰中，用锌元素空心阴极灯，于波长213.8nm处，测定溶液的吸光度，在工作曲线上求出氧化锌的浓度。

399. 简述碘量法测定水泥中硫酸盐三氧化硫的操作过程

使用测定硫化物及硫酸盐的仪器装置进行测定。

向400mL烧杯中加入20mL氨性硫酸锌溶液（100g/L）和300mL水，按仪器装置图将玻璃导气管插入烧杯中。

称取约0.5g试样，精确至0.0001g，置于100mL的干燥反应瓶中，加入10mL磷酸，置于小电炉上加热至沸，并继续在微沸下加热至无大气泡，液面平静、无白烟出现为止。取下放冷，向反应瓶中加入10mL氯化亚锡-磷酸溶液，按仪器装置图连接各部件。开动空气泵，控制气体流量为100～150mL/min（每秒4～5个气泡），加热煮沸并微沸15min，停止加热。关闭空气泵，把插入吸收液内的玻璃导气管作为搅棒，将溶液冷却至室温。加入10mL明胶溶液（5g/L），加入15.00mL碘酸钾标准滴定溶液（0.03mol/L），在充分搅拌下加入40mL盐酸（1＋1），用硫代硫酸钠标准滴定溶液（0.03mol/L）滴定至淡黄色。加入2mL淀粉溶液（10g/L），继续滴定至蓝色消失。如果空白试验消耗硫代硫酸钠标准滴定溶液的体积小于1.5mL，用减少一半的试样质量重新试验。建议碘酸钾标准滴定溶液的加入量见表2-19。

表2-19　建议碘酸钾标准滴定溶液的加入量

硫酸盐三氧化硫含量（%）	称样量（g）	碘酸钾标准滴定溶液加入量（mL）
1.5～2.0	0.5	9～12
2.0～2.5	0.5	11～14
2.5～3.0	0.5	13～16
3.0～3.5	0.5	15～18
3.5～4.0	0.5	17～20

400. 简述碘量法测定硫化物的基本原理与操作过程

（1）基本原理

在还原条件下，试样用盐酸分解，产生的硫化氢收集于氨性硫酸锌溶液中，然后用碘量法测定。

如试样中有亚硫酸盐、硫代硫酸盐以及硫化物和硫酸盐之间的其他化合物存在时，将引起测定误差。

（2）操作过程

使用测定硫化物及硫酸盐的仪器装置进行测定。

向 400mL 烧杯中加入 20mL 氨性硫酸锌溶液(100g/L)和 300mL 水，按仪器装置图将玻璃导气管插入烧杯中。

称取约 1g 试样，精确至 0.0001g，置于 100mL 的干燥反应瓶中，加入 2g 固体氯化亚锡，加入 10mL 水，轻轻摇动使试样完全分散，立即连接各部件。

由分液漏斗向反应瓶中加入 20mL 盐酸(1＋1)，迅速关闭活塞，开动空气泵，控制气体流量为 100～150mL/min(每秒 4～5 个气泡)。将反应瓶的溶液加热煮沸并微沸 4～5min，停止加热，继续通气 4～5min。

关闭空气泵，把插入吸收液内的玻璃导气管作为搅棒，将溶液冷却至室温。加入 5.00mL 碘酸钾标准滴定溶液(0.03mol/L)，在充分搅拌下加入 40mL 盐酸(1＋1)，用硫代硫酸钠标准滴定溶液(0.03mol/L)滴定至淡黄色。加入约 2mL 淀粉溶液(10g/L)，再继续滴定至蓝色消失。如果硫代硫酸钠标准滴定溶液消耗量小于 1.5mL，用减少一半的试样质量重新试验。建议碘酸钾标准滴定溶液的加入量见表 2-20。

表 2-20 建议碘酸钾标准滴定溶液的加入量

硫化物硫含量（%）	称样量（g）	碘酸钾标准滴定溶液的加入量（mL）
0～0.15	1.0	5
0.15～0.2	1.0	5～7
0.2～0.3	1.0	6～10
0.3～0.5	1.0	9～14

401. 简述离子选择电极法测定氟离子的基本原理与操作过程

（1）原理

在 pH6.0 的总离子强度配位缓冲溶液的存在下，以氟离子选择电极作指示电极，饱和氯化钾甘汞电极作参比电极，用离子计或酸度计测量含氟离子溶液的电极电位。

（2）操作过程

称取约 0.2g 试样，精确至 0.0001g，置于 100mL 干烧杯中，加入 10mL 水使试样分散，在搅拌下加入 5mL 盐酸(1＋1)，加热煮沸并继续微沸 1～2min。用快速滤纸过滤，用热水洗涤 5～6 次，冷却至室温。加入 2～3 滴溴酚蓝指示剂溶液(2g/L)，用盐酸(1＋1)和氢氧化钠溶液(200g/L)调节溶液酸度，使溶液颜色刚由蓝色变为黄色(应防止氢氧化铝沉淀生成)，然后移入 100mL 容量瓶中，用水稀释至刻度，摇匀。

吸取10.00mL上述溶液放入50mL干烧杯中，加入10.00mL pH6.0的总离子强度配位缓冲溶液，放入一根搅拌子，将烧杯置于磁力搅拌器上，在溶液中插入氟离子电极和饱和氯化钾甘汞电极，搅拌2min后，停止搅拌30s，用离子计或酸度计测量溶液的平衡电位，用回归方程式计算或在工作曲线上求出氟离子的浓度。

402. 简述磷钼蓝分光光度法测定五氧化二磷的操作过程

在一定的酸性介质中，磷与钼酸铵和抗坏血酸生成蓝色配合物，于波长730nm处测定溶液的吸光度。

称取约0.25g试样，精确至0.0001g，置于铂坩埚中，加入少量水润湿，慢慢加入3mL盐酸、5滴硫酸（1+1）和约5mL氢氟酸，放入通风橱内低温电热板上加热，近干时摇动坩埚，以防溅失，蒸发至干，再加入约3mL氢氟酸，继续放入通风橱内电热板上蒸发至干。

取下冷却，向经氢氟酸处理后得到的残渣中加入3g碳酸钠-硼砂混合熔剂（2+1），在950～1000℃下熔融10min，用坩埚钳夹持坩埚旋转，使熔融物均匀地附于坩埚内壁上。冷却后，将坩埚放入已盛有10mL硫酸（1+1）及100mL水并加热至微沸的300mL烧杯中，继续保持微沸状态，直至熔融物全部溶解。用水洗净坩埚及盖，冷却至室温后，移入250mL容量瓶中，用水稀释至刻度，摇匀。

吸取50.00mL上述试样溶液放入200mL烧杯中（试样溶液的分取量视五氧化二磷的含量而定，如分取试样溶液不足50mL，需加水稀释至50mL），加入1滴对硝基酚指示剂溶液（2g/L），滴加氢氧化钠溶液（200g/L）至黄色，再滴加盐酸（1+1）至无色。加入10mL钼酸铵溶液（15g/L）和2mL抗坏血酸溶液（50g/L）。加热微沸（1.5±0.5）min，冷却至室温后，移入100mL容量瓶中，用盐酸（1+10）洗涤烧杯并用盐酸（1+10）稀释至刻度，摇匀。用分光光度计，10mm比色皿，以水作参比，于波长730nm处测定溶液的吸光度，在工作曲线上求出五氧化二磷的含量。

403. 磷钼蓝分光光度法测定五氧化二磷的原理是什么？操作时应注意哪些事项

（1）方法原理

在一定的酸性介质中，磷与钼酸铵和抗坏血酸生成蓝色配合物，于波长730nm处测定溶液的吸光度。

（2）操作要点

① 比色皿必须保持清洁和干燥。若潮湿，须用无水酒精洗2～3次后使用。

② 钼酸铵溶液应贮存在塑料瓶中，必要时过滤后使用。此溶液需在配制后一周内使用。

③ 抗坏血酸溶液用时现配。

④ 试样溶液的分取量视五氧化二磷的含量而定，如分取试样溶液不足50mL，需加水稀释至50mL。

404. 水泥中水溶性铬（Ⅵ）的工作曲线如何绘制？水泥中水溶性铬（Ⅵ）的含量如何计算

（1）工作曲线绘制

移取铬（Ⅵ）浓度为5mg/L标准溶液0mL、1.0mL、2.0mL、5.0mL、10.0mL和15.0mL分别放入50mL容量瓶中，加水稀释至约20mL，依次加入5.0mL二苯碳酰二肼溶液和5.0mL 0.04mol/L盐酸，用水稀释至标线，摇匀。放置15min后，使用分光光度计或光电比色计，在540nm处测量溶液的吸光度，以吸光度为纵坐标，铬（Ⅵ）标准溶液的浓度（0mg/L、0.1mg/L、0.2mg/L、0.5mg/L、1.0mg/L、1.5mg/L）为横坐标，绘制工作曲线。

（2）含量计算

水泥中水溶性铬（Ⅵ）的含量（w）按下式计算：

$$w=c\times\frac{V_3}{V_2}\times\frac{V_1}{450}$$

式中 w——水泥中水溶性铬（Ⅵ）的含量，单位毫克每千克（mg/kg）；

c——从工作曲线上查得铬（Ⅵ）的浓度，单位毫克每升（mg/L）；

V_1——胶砂中水的体积，单位毫升（mL）；

V_2——滤液的体积，单位毫升（mL）；

V_3——容量瓶的体积，单位毫升（mL）；

450——胶砂中水泥的质量，单位克（g）；

$\frac{V_3}{V_2}$——待测滤液的稀释倍数；

$\frac{V_1}{450}$——水泥胶砂的水灰比，通常为0.50，具体参考实验。

405. 废气分析的测定方法是什么

（1）在平衡瓶内注入封闭液

在水套内注入水，然后在每一吸收器内注入200mL吸收液。第一个（靠近量管的）吸收器内充以碱性溶液，第二个充以焦性没食子酸，第三个充以氯化亚铜氨性溶液。然后关闭各吸收器上边梳形分配管上的活塞。旋转梳形管三通旋塞使大气与量管相通，然后升高平衡瓶，让液体充至量管顶部，关闭三通旋塞使量管不与大气相通。然后打开梳形管第一个活塞，放下平衡瓶，使吸收液从吸收器后瓶吸入前瓶至标线，关闭活塞。用同样方法使各吸收液充满各吸收瓶并使吸收液到标线。然后转动三通旋塞使量管与大气相通，升高平衡瓶使闭液充至量管的上部标线，转动三通旋塞，使大气与量管不通，把平衡瓶放在仪器的底板上，如果量管内与各吸收器内液面不变，则表示仪器是严密的，说明准备工作做好。

（2）气体取样

将盛有废气的吸收球与梳形管相通，打开梳形管三通旋塞，放下平衡瓶使废气吸入量管内（因梳形管与支管内存有空气），这时废气与空气混合，所以第一次吸入的废气不能作为试样。将三通旋塞旋至量管与大气相通位置（此时废气球与量管不通），然后升高平衡瓶，使量管内的液面达到上标线，全部气体被排出大气，然后按上述方法吸一份废气重新排出，这样进行3～4次后才能进行取样。将量管内液面调整到正好在标线上，将三通旋塞旋至与废气球相连接，放下平衡瓶，将气体吸入量管内，并使量管内的液面下降至标线100以下少许，这时平衡瓶液面应与量管内液面在同一高度上。然后将三通旋塞旋转至与大气相通（与废气球隔绝），然后慢慢升高平衡瓶，使量管内液面到达下标线100处，而平衡瓶与量管内液面都在同一高度标线100处，确定液面后，将旋塞关闭（此时量管与大气和废气球隔绝）。

（3）测量方法

打开梳形支管上的第一个旋塞，升高平衡瓶将气体压入第一吸收器内一直到量管内的液面到达上标线为止，放下平衡瓶将气体抽回量管内，再升高平衡瓶将气体压入吸收器内，如此反复3～4次；将第一吸收器内的吸收液调至标线处，关闭第一分配管的旋塞，然后将平衡瓶和量管内的液面平行在同一高度上，计下量管内液面的平衡位置。所取试样体积（100mL）和吸收后的体积之差，就是气体内CO_2含量的百分数。照此抽取2～3次，取其平均值，然后依次在相当的吸收期内同样地吸收O_2和CO。

（4）抽压气体注意事项

① 始终观察上升的液面，而不能观察下降的液面；

② 平衡瓶内的升降不能过快、过高或过低；

③ 不应该用旋塞一下抓住标线处的液面，而应该用平衡瓶使液面逐渐到达所需的那一点；

④ 旋塞的开关不能用力过猛。

2.3.3 二级物理检验部分

406. 为何水泥放置一段时间后凝结时间会产生变化

影响水泥凝结时间的因素，可分为水泥本身因素和环境条件两方面。水泥本身主要是细度和矿物组成等对凝结影响较大；环境条件则主要是温度、湿度以及空气流通程度等对凝结影响较大。

通常情况下，水泥粉磨细度越细，水泥就越易水化。当环境温度较高且潮湿时，若保存不当，则更容易出问题。存放时吸水，会导致水泥缓凝；吸收二氧化碳，则会导致水泥速凝。

水泥是活性物质，放置一段时间，如保存不好就会风化变质而丧失一部分活性。在放置期间，水泥细粉极易与空气中的水蒸气和二氧化碳发生化学反应，这种反应虽然较慢，但由于持续不断地进行，因而也会发生从量变到质变的变化。所以，长期存放的水泥，即使不直接与液态水接触，也会发生结块、结粒和活性降低等现象。水泥间接受潮的程度与水泥的存放时间、存放条件以及水泥品种有关。相同水泥在不同环境下存放、不同水泥在相同环境下存放（不同水泥在不同环境下存放无可比性），存放时间越长，水泥活性的损失程度越严重。

一般估计，在空气流通的环境下，普通水泥存放 3 个月活性下降约 20%，存放半年下降约 30%，存放一年下降约 40%。而在环境比较干燥，空气不流通的存放条件下，水泥受潮活性下降程度则远远低于上述数值。

水泥受潮化学反应一般在水泥颗粒表面薄薄的一层上进行，未水化的大部分水泥矿物被水化产物包围（或叫覆盖），使水化速度降低，导致凝结时间延长。季节不同，水泥存放后对凝结时间的影响也不同，夏季和冬季两种环境条件下存放的水泥，其凝结时间与存放前大不一样。因此，只有控制好试验条件，才能得出正确的测定结果。

407. 怎样进行水泥物理配比研究试验

水泥物理配比试验主要为寻找水泥生产中某项指标与水泥性能的关系以及对水泥某项性能的影响。配比试验一般按下列步骤进行：

（1）确定配比试验方案。配比试验方案主要包括确定各种物料的配合比和试验中对某项指标具体要求以及所要达到的试验目的，并确定具体试验程度，计算试验所需的各种物料量。

（2）进行试验所需各种物料的准备工作。根据各种物料的计算用量取料后，须进行烘干和破碎，并按试验要求制备物料小样，进行化学分析。

（3）根据试验方案编排试验编号。

（4）进行物料配比。配比过程中须严格按各编号所列的物料量进行称量，并按试验编号在样品桶上贴好标签。

（5）按试验要求进行小磨试验。

（6）整理试验数据，验证试验结果。

408. 仪器设备对强度有哪些影响

仪器设备对强度有如下几方面的影响：

（1）胶砂振动台

振动台用来振实胶砂，相关标准中规定放上空试模和漏斗后，中心全波振幅为（0.75±0.02）mm，电动机频率为 2800～3000 次/分。振动台的振幅大小、频率高低将直接影响振实效果和试验结果的准确性。

① 振幅大小对强度的影响

a. 振幅大，试体的强度值就高，反之就低，所以对振动台的振幅一定要严格控制。

b. 影响振幅的因素很多，所以应经常校核，振幅的大小可以用测振仪测定。没有测振仪的工厂应严格按标准规定控制各项技术参数，如振动部分总质量、振动子质量等。

② 振动时间对强度的影响

一般情况下，振动时间不足 2min 时，强度结果偏低；超过 2min 后，强度结果偏高。

③ 振动子质量

对一台振动台而言，各振动子的质量应相同。各振动子质量不同引起的扰动力就不一样，所以工厂在收到振动台后，如发现启动与刹车不正常，要检查同一振动台的各个振动子质量是否相同。

（2）试模

试模质量不同，将改变振动部分的总质量，对强度会产生一定的影响，所以试模质量要按规定控制在 6.0～6.5kg 范围内。

（3）抗折夹具和抗压夹具

抗折夹具和抗压夹具对强度结果的影响非常大，因此各实验室都应按照标准严格检查，并选择一副最好的作为校正夹具，定期检查正常使用夹具的可靠性。

① 抗折夹具

检查抗折夹具应注意：加荷圆柱与支撑圆柱直径在（10±0.2）mm 之内，有效长度 46mm，两支撑圆柱中心距（100±0.2）mm，两支撑圆柱平行度不大于 0.1mm，上下夹具的中心线应重合，同轴度不大于 1.0mm。

加荷圆柱和支撑圆柱都转动，间隙不大于 0.1mm。支撑圆柱一个转动和两个都转动的结果是不一样的，如两个支撑圆柱一个固定，一个转动，则产生转动摩擦和滑动摩擦，使用一段时间后转动的圆柱与试件表面形成线接触，另一个则由于滑动摩擦磨损成面接触。试验表明：一个圆柱固定时，将比三个圆柱都转动的抗折强度结果偏高；两个圆柱都固定时，抗折强度将比一个圆柱固定时的抗折强度结果偏高。

② 抗压夹具

检查抗压夹具应注意：

a. 上、下压板长度：（40±0.1）mm；宽度：大于 40mm；厚度：大于 10mm；

b. 上、下压板的平面度为 0.01mm；

c. 上、下压板表面粗糙度不高于 $Ra0.1$、不低于 $Ra0.8$；

d. 上、下压板材料应采用洛氏硬度高于 58HRC 的硬质钢，传压柱材料应采用洛氏硬度高于 55HRC 的硬质钢。

e. 上、下压板自由距离大于 45mm；

f. 下压板的表面对夹具的轴线应是垂直的，并在加荷过程中应保持垂直；

g. 上压板上的球座的中心应在夹具中心轴线与上压板下表面的交点上，偏差不大于±1mm。上压板随着与试体的接触应能自动找平。但在加荷过程中，上、下压板的相对位置应保持固定，上、下压板长度方向的两端面边应相互重合，不重合边最大偏差不大于 0.2mm。

409. 试验条件对强度有哪些影响

(1) 胶砂温度对水泥强度的影响

胶砂温度在 16～25℃范围内变化，其他条件不变时对强度的影响不明显。

(2) 材料温度、室温、水温变化时对水泥强度的影响

① 下料时间与胶砂温度有关，温度低的下料时间快。

② 材料温度、养护水温均低于标准规定时，强度有较大幅度下降。

(3) 养护温度（包括养护箱和养护水）对水泥强度影响均较大，养护温度高，则强度偏高；养护温度低，则强度偏低。

(4) 试样封存条件与水泥强度的关系

① 试样吸潮后对强度的影响

同一水泥按不同包装存放在潮湿处与存放前的强度比较，可以看出试样保存条件对强度影响很大，因此试样保存必须严格密封并放置于干燥处，在实际生产中也应注意包装水泥的储存条件。

② 试样封存介质对强度的影响

a. 用塑料袋（带有一种特殊气味的聚氯乙烯）装水泥时，将使水泥强度有较大幅度的下降，温度高的水泥反应更为敏感；

b. 用食品塑料袋包装水泥一般对水泥强度无影响；

c. 根据风化试验，水泥在常温下装入白铁桶封存 3 个月后，水泥强度仍能保持原有质量，如在桶中再加一层桑皮纸则强度更稳定一些；而热水泥在白铁桶中封存 3 个月后强度则是降低的，一般抗压强度下降 7%～8%。

③ 胶砂加水量对强度的影响

加水量对水泥胶砂强度的影响较大，用水量增减 10mL 时，抗折和抗压强度均有明显变化，因此在操作中量水一定要准确，在向搅拌锅中倒水时，必须将水倒净。

410. 如何安装和使用杠杆式抗折机

(1) 抗折机安装时，首先用水平仪检查台面的水平度。当台面达不到水平要求时须设法修正，以便使抗折机安装后保持水平，防止抗折机杠杆比发生变化而影响试验准确性。

（2）抗折机安装后，必须检查杠杆的灵敏度。杠杆灵敏度越高，越能正确反映抗折强度。检查杠杆灵敏度，采用下列方法：

① 杠杆端点加 1g 砝码时，端点下降距离大于支点到端点距离的 2%。杠杆调整平衡后，再失去平衡时能自动恢复到平衡位置；

② 将杠杆调到平衡后，拨动杠杆使其上、下摆动，摆动次数越多，其灵敏度就越高；

③ 将杠杆调到平衡后，在加荷的一端放 1g 砝码，观察杠杆下沉程度，杠杆下沉位置距离平衡线越远，则说明抗折机灵敏度越高，一般杠杆下沉距离须达到 1cm。

（3）抗折机夹具合格与否，是影响抗折机试验结果的关键，安装和使用时必须认真检查是否达到标准要求，主要从下列几方面进行检查：

① 检查上、下夹具是否对正。如果抗折机上、下夹具不对正，将会使试体除受到拉力外，还会受到扭力作用，从而降低抗折强度；

② 检查夹具的两个支撑圆柱是否在同一水平面上，是否与试体长度方向垂直；

③ 检查夹具的两支撑圆柱是否转动，如果圆柱不转动将产生不良的摩擦力而影响试验结果。

411. 当抗折机的试验误差和加荷速度达不到要求时应该如何调整

抗折机在使用过程中，其试验误差及加荷速度必须控制在标准范围内，当达不到时，必须进行调整。

（1）当抗折机试验误差达不到要求时，要从以下几方面检查调整。

① 检查抗折机的杠杆灵敏度是否达到标准要求，当灵敏度达不到要求时，须检查刀刃是否变钝、刀刃与刀槽是否平行。

② 检查砣重是否在标准范围内，达不到要求时，须打开砣的铅封用铅弹进行调整。

③ 检查加荷速度是否在标准要求范围内。

（2）当加荷速度达不到标准要求时，可采用下列方法进行调整。

用秒表测定抗折机荷重（砣）的前进速度，同时打开开关盒，调节盒内的可变电阻，改变电机的转数，直至使荷重的前进速度达到 0.5cm/s，此时可保证加荷速度在（0.5±0.05）MPa/s 范围内。

412. 水泥颗粒级配与水泥强度及其他性能的关系

水泥颗粒级配对水泥的水化速度、需水量、和易性、放热速度，特别是对强度有很大影响。在一般条件下，水泥颗粒在 0～10μm 时，水化最快；在 3～32μm 时水泥的活性最强；大于 65μm 时，活性较弱，水化缓慢。

在一般条件下，为了较好地发挥水泥的胶凝性能，提高水泥的早期强度，就必须提高水泥细度，增加 3～32μm 的颗粒比率。但必须注意，水泥细度过细，比表面积过大，小于 3μm 的颗粒过多，水泥的需水量偏高，将使硬化水泥浆体因水分过多引起孔隙率增大，而降低后期强度的增进率。同时，水泥细度过细，亦将影响水泥其他性能，如储存期水泥活性下降较快，水泥的需水性较大，水泥制品的收缩增大，抗冻性降低等。另外，水泥过细将显著影响水泥磨机的性能发挥，使产量降低，电耗增高。所以，生产中必须科学地控制水泥细度，使水泥具有合理的颗粒级配。

413. 怎样检测水泥胶砂振实台振幅？当振幅变大超差时应该怎样调整

将 14.7mm 检验块放入凸轮和止动器之间，用手拨动凸轮，凸轮应与轴承相接触；将 15.3mm 检验块放入凸轮和止动器之间，凸轮与轴承不应接触。满足以上两个条件即仪器振幅合格。

如振幅变大超差，可用振实台出厂所附垫圈调整。

414. 如何进行水泥比表面积仪漏气检查和进行圆筒中试料层体积测定

（1）仪器漏气检查的步骤

① 选用合适的胶皮塞，用胶皮塞塞紧圆筒口。

② 抽气，使液面上升，待液面升到气压计的 A 处，关闭活塞。

③ 观察液面下降情况，如在 5min 内液面未下降，则说明仪器不漏气，否则应找出漏气原因并加以密封。

（2）圆筒试料层体积测定步骤

① 测定前的准备工作。备好两片与圆筒内径相同的符合《化学分析滤纸》（GB/T 1914—2017）的中速定量滤纸以及适量汞。

② 在圆筒中穿孔板上放上两片滤纸，然后在圆筒中注满汞，用薄玻璃板使汞面与圆筒口平齐。

③ 倒出汞称量，精确至 0.05g，重复几次测定，直至数值不变为止。

④ 从圆筒中取出一片滤纸，在圆筒中加入适量试样，再把取出的一片滤纸盖在上面，用捣器压实试料层，压到规定厚度且支持环与圆筒边接触，然后把汞装满圆筒压平，同样倒出汞称量，重复几次测定，至汞质量不变为止。

⑤ 计算：圆筒中试料层体积 V 按下式计算：

$$V=\frac{P_1-P_2}{\gamma_{汞}}$$

式中 P_1——未装试料时，充满圆筒的汞质量（g）；

P_2——装试料后，充满圆筒的汞质量（g）；

$\gamma_{汞}$——在试验温度下汞密度（g/cm^3）。

415. 水泥出厂强度的确认要求是什么

（1）出厂水泥强度的确认，强度指标应根据出厂水泥品种和强度等级分别建立早期强度与实物水泥 3d 和 28d 强度的关系式。

(2) 出磨水泥质量应稳定，且 28d 抗压强度月（或一统计期）平均变异系数满足 $C_v \leqslant 5.0\%$（强度等级 32.5）、$C_v \leqslant 4.0\%$（强度等级 42.5）、$C_v \leqslant 3.5\%$（强度等级 52.5 及以上），其中强度指标应根据出磨水泥品种和强度等级分别建立早期强度与实物水泥 3d 和 28d 强度的关系式。

(3) 当出磨水泥质量出现波动或 28d 抗压强度月（或一统计期）平均变异系数满足 $C_v > 5.0\%$（强度等级 32.5）、$C_v > 4.0\%$（强度等级 42.5）、$C_v > 3.5\%$（强度等级 52.5 及以上）时，应按（1）中的要求进行确认。

(4) 出厂水泥强度的合格确认制度应定期根据生产条件、原料变化及时修正。

416. 什么是碱-集料反应

指水泥、外加剂等混凝土组成物及环境中的碱与集料中碱活性矿物在潮湿环境下缓慢发生并导致混凝土开裂破坏的膨胀反应。

417. 测定水泥抗冻性有何重要意义

在建筑工程中，混凝土构筑物在天然条件下经常受到干湿、冷热、冻融交替等物理作用。冻融交替作用对混凝土特别是港口混凝土的破坏和威胁是较大的，在冻融过程中，由于混凝土内部毛细管结冰致使体积膨胀而产生较大的水压力，致使混凝土强度下降而遭到破坏。在构筑物中，由冻融交替引起混凝土破坏的形式随其类型、位置、含水状态等各种条件而不同。最常见的是由于反复冻融引起水泥石的崩溃，砂浆部分呈粉屑状脱落而露出粗集料，也有在构件的端部、混凝土路面板的接缝处、平行于水工构筑物水位线处产生线状裂缝。因此，在水泥的特性试验中，必须测定水泥的抗冻性。

418. 简述混凝土坍落度检测方法

(1) 试样制备：按要求等级及配比制备混凝土试样。

(2) 检测方法：将坍落度筒润湿，置于刚性、平坦、湿润且不吸水的底板上。混凝土分三层装入筒内，每层用捣棒插捣 25 次，然后将筒顶混凝土抹平，刮清底板，小心垂直提起坍落度筒。提筒时间为 5～10s，装料、插捣、提起的全过程应不超过 150s。坍落度筒提起后，混凝土会自然下落，用直尺量出坍落距离，即为坍落度，精确到 5mm，混凝土下落时若顶面倾斜，应测量顶面中心的下坍距离作为坍落度。若混凝土的坍落度小于 10mm，宜改用其他方法测定。

(3) 记录所测试结果。

419. 在大体积混凝土工程中为何要测定水泥的水化热

水泥的各种化合物与水发生反应时都会放出大量的热。在大体积混凝土构件中，无论是放热量还是放热速度，对工程都有很大影响。由于混凝土的导热能力很低，水泥发出的热量聚集在混凝土内部长期散发不出来，使混凝土温度升高。温度升高造成水泥硬化时的体积膨胀，待冷却到周围温度时则发生收缩，因此在大体积混凝土工程中，往往形成巨大的温差和温度应力，导致混凝土产生裂缝，给工程带来不同程度的危害。因此降低混凝土内部的发热量是保证大体积混凝土质量的重要因素。为了保证质量，除要求施工部门采取降温措施外，还必须将所用水泥的水化热控制在一定范围内。因此，对水泥水化热的测定是非常重要的。

2.4 一级/高级技师

2.4.1 一级生产过程控制检验部分

420. 什么是生产过程控制与过程能力

生产过程控制（production process control）：为确保生产过程处于受控状态，对直接或间接影响产品质量的生产、安装和服务过程所采取的作业技术和生产过程的分析、诊断和监控。

过程能力：所谓过程能力，就是过程处于统计控制状态下，加工产品质量正常波动的经济幅度，通常用质量特性值分布的6倍标准偏差来表示，记为6σ。

421. 何谓过程能力指数？用什么表示

过程（或工序）能力指数，表示生产过程质量能力对产品设计的质量要求的保证程度，用符号C_p表示。

$$C_p = \frac{T}{6\sigma} = \frac{T_U - T_L}{6\sigma}$$

式中 T——公差范围；

T_U——公差上限；

T_L——公差下限；

σ——总体标准偏差。

422. 将正态分布进行标准化的公式是什么

其标准化公式：

$$u = \frac{x_i - \mu}{\delta}$$

式中 u——某一测量值到分布中心的距离变换为标准偏差的倍数；

μ——真值；

δ——测定值的标准偏差；

x_i——某次测定值。

423. 产品质量受双侧控制时过程能力指数分别如何计算？不合格率如何计算

产品质量受双侧控制时的 C_P 值按以下公式计算：

$$C_P=\frac{T}{6\sigma}=\frac{T_U-T_L}{6\sigma}\approx\frac{T_U-T_L}{6s}$$

式中 s——样本标准偏差。

不合格品率分为有偏情况和无偏情况。

（1）无偏情况时，即技术标准中心与质量特性值分布中心重合。

不合格品率 p 为：

$$p=p_U+p_L=2[1-\Phi(3C_p)]$$

（2）有偏情况时，即技术标准中心与质量特性值分布中心偏离。

由于偏离量 ε 的存在，首先对 C_p 值进行修正，过程能力指数用 C_{pk} 表示。

$$C_{pk}=(1-k)C_p=(1-k)\frac{T_U-T_L}{6\sigma}=\frac{T-2\varepsilon}{6\sigma}\approx\frac{T-2\varepsilon}{6s}$$

式中 k——平均偏离度，即：

$$k=\frac{\varepsilon}{T/2}=\frac{\left|\frac{1}{2}(T_U+T_L)-\mu\right|}{\frac{1}{2}(T_U-T_L)}$$

如 μ、σ 未知时，分别用 $\overline{x}$、s 估计。

不合格品率 p 为：

$$p=p_L+p_U=2-\Phi[3C_{pk}(1-k)]-\Phi[3C_{pk}(1+k)]$$

424. 产品质量受单侧控制时过程能力指数分别如何计算？不合格率如何计算

当设计标准规格只给出规格上限时，过程能力指数用 C_{PU} 表示：

$$C_{PU}=\frac{T_U-\mu}{3\sigma}\approx\frac{T_U-\overline{x}}{3s}$$

不合格品率为：

$$p=p_U=1-\Phi(3C_{PU})$$

当设计标准规格只给出规格下限时，过程能力指数用 C_{PL} 表示：

$$C_{PL}=\frac{\mu-T_L}{3\sigma}\approx\frac{\overline{x}-T_L}{3s}$$

不合格品率为：

$$p=p_L=1-\Phi(3C_{PL})$$

425. 根据过程能力指数分析和判定过程能力的标准是什么

根据过程能力指数分析和判定过程能力的标准：

当 $C_p=1.33$ 时，认为过程能力较为理想；

当 $C_p>1.33$ 时，认为过程能力充分满足，但应考虑是否经济；

当 $1\leqslant C_p<1.33$ 时，认为过程能力尚可，但接近于 1（$C_p=1$ 时，$T=6\sigma$）时，应注意超差的发生；

当 $C_p<1$ 时，认为过程能力不足，应采取措施。

426. 什么是统计过程控制图？原理是什么

统计过程控制图又称质量管理图，是通过控制界限对生产过程进行分析和控制的一种重要方法，是在生产过程中分析和控制产品质量是否稳定、有无异常原因的主要工具。控制图使用方便，效果显著，在质量管理的方法中起到核心作用。

控制图原理就是小概率事件原理：小概率事件在一次试验中几乎不可能发生，若发生即判断为异常。控制图是假设检验的一种图上作业，在控制图上每描一个点就是作一次假设检验。

427. 常规控制图的类型包括哪些

常规控制图主要有两种类型：计量控制图和计数控制图。

计量控制图分为平均值-极差控制图（$\overline{X}$-R 图）、平均值-标准差控制图（$\overline{X}$-s 图）、中位数-极差控制图（Me-R 图）、单值-移动极差图（X-R_s图）。

计数控制图分为不合格品率控制图（p 图）、不合格品数控制图（np 图）、单位产品不合格数控制图（u 图）、缺陷数控制图（c 图）。

428. 控制图如何判断

（1）控制图判断的理论基础

控制图对过程异常的判断以小概率事件原理为理论依据。所谓小概率事件原理又称作小概率事件不发生原理。其数字定义是：若事件 A 发生的概率很小（如 0.01），现经过一次（或少数次）试验，事件 A 居然发生了，就有理由认为事件 A 的发生是异常。

在统计技术应用中，首先应设置小概率 α，实际是允许判断错误的概率，所以又称小概率 α 为风险度或显著性水平。与风险度 α 相对应的是置信度（$1-\alpha$）。按照《常规控制图》(GB/T 4091—2001）的规定，小概率统一设置为$\alpha=0.0027$。

（2）控制图的判断准则

上下控制限分别位于中心线之上与之下的 3σ 距离处。为了应用上述检验，将控制图等分为 6 个区，每个区宽 1σ。这 6 个区的标号分别为 A、B、C、C、B、A，两个 A 区、B 区及 C 区都关于中心线对称。这些检验适用于 $\overline{X}$ 图和单值（X）图。这里假定质量特性 X 的观测值服从正态分布。

按《常规控制图》（GB/T 4091—2001）标准，判断控制图内点子排列有无异常。当发生以下情况时，认为生产过程异常：

检验 1：1 个点落在 A 区以外；

检验 2：连续 9 点落在中心线同一侧；

检验 3：连续 6 点递增或递减趋势；

检验 4：连续 14 点中相邻点上下交替排列；

检验 5：连续 3 点中有 2 点落在中心线同一侧的 B 区以外；

检验 6：连续 5 点中有 4 点落在中心线同一侧的 C 区以外；

检验 7：连续 15 点落在中心线两侧的 C 区内；

检验 8：连续 8 点落在中心线两侧且无一在 C 区内。

2.4.2 一级分析检验部分

429. 简述水泥分析方案设计的方法步骤

在正常水泥生产过程中，原燃材料、半成品、成品的化学分析方法并不一定要采用国家标准方法，可通过试验研究对比等制定一些新的适合生产控制的分析方法，操作方便，仪器设备简单，结果稳定性、重现性好，即可用于生产。一般设计分析方案的步骤：

(1) 提供具体要求、测定项目、达到的精密度等。

(2) 进行具体研究，查阅有关资料，根据要求对待测组分选用适当的分析方法。

(3) 根据测定项目、精度、测定组分的含量，选用相应的仪器设备。

(4) 进行条件试验：

① 滴定剂与指示剂的选择；

② 滴定方式的选择；

③ 用含已知成分含量的标准溶液验证；

④ 干扰离子的影响。

(5) 通过条件试验制定具体分析操作步骤。

(6) 进行验证试验。

(7) 用数理统计方法对测定结果进行处理，判断所得的结果是否准确、重现性好。

(8) 对制定的分析方法进行评价。

(9) 制定具体的操作步骤及注意事项。

430. EDTA 及其配合物的特点

EDTA（乙二胺四乙酸）是四元有机酸，其结构式为：

$$\begin{matrix}HOOC-H_2C\\HOOC-H_2C\end{matrix}\!\!>N-CH_2-CH_2-N<\!\!\begin{matrix}CH_2-COOH\\CH_2-COOH\end{matrix}$$

常用 H_4Y 表示，它在水溶液中有四步解离平衡，把它在强酸性介质中的解离平衡考虑在内，共有六级解离平衡：

$$H_6Y^{2+} \rightleftharpoons H_5Y^{+} \rightleftharpoons H_4Y \rightleftharpoons H_3Y^{-} \rightleftharpoons H_2Y^{2-} \rightleftharpoons HY^{3-} \rightleftharpoons Y^{4-}$$

EDTA 在水溶液中以上述七种形式存在，在不同酸度下，各种存在的形式的浓度是不相同的。酸度升高，平衡向左移动，$c(Y^{4-})$ 减小；酸度降低，平衡向右移动，$c(Y^{4-})$ 增大。不同 pH 值时，主要存在形式如表 2-21 所示。

表 2-21　EDTA 存在形式

溶液 pH 值	<1	1～1.6	1.6～2.07	2.07～2.75	2.75～6.24	6.24～10.26	10.26～12	>12
主要形式	H_6Y^{2+}	H_5Y^{+}	H_4Y	H_3Y^{-}	H_2Y^{2-}	HY^{3-}	Y^{4-}	几乎全部为 Y^{4-}

在 EDTA 的七种形式中，只有 Y^{4-} 能与金属离子直接配位，其他形式的离子只有先离解为 Y^{4-} 后，才能与金属离子配位。

EDTA 分子中含有两个氨基氮原子和四个羧酸氧原子，总共六个配位原子，EDTA 可以和除碱金属以外的所有金属离子形成稳定的配合物。EDTA 与金属离子配位时，能生成三个或五个五原子环的配合物。常见的 1～4 价金属离子的配位数为 4 或 6。当 EDTA 与金属离子配位时，具有 6 个配位原子的一个 EDTA 分子就能满足一个金属离子配位数的要求，所以当 EDTA 与 1～4 价金属离子配位时，其配位比除极少数高价离子外，皆为 1∶1，不存在分级配位现象，配位比简单，使得反应能够定量进行，计算分析结果也十分方便。

EDTA 的阴离子带四个负电荷，通常金属离子多为 1～3 价，所以生成的配离子仍带电荷而易溶于水，从而使配位滴定可以在水溶液中进行。

431. 简述火焰光度法测定钾、钠的基本原理、仪器构造、误差来源及消除误差的方法

(1) 基本原理

当试液经雾化装置雾化为细雾送入火焰中燃烧时，原子被火焰的热能所激发，外层电子吸收一定能量，由基态跃迁至高能级的轨道上时，此电子处于激发态，而被激发的电子很不稳定，当它们由较高的能级再返回到较低的能级时，就放出一定的能量而产生各种具有固定波长的谱线，通过光电系统对辐射能的测量，就可求得钾、钠的含量。

(2) 火焰光度计的主要构造

① 燃气，助燃气；② 喷雾器；③ 喷灯；④滤光片；⑤ 检测器。

(3) 误差来源及消除办法

① 激发条件不稳定。由于燃料气体、助燃气体压力不稳定而引起激发条件不稳定，应力求测定时两液体压力恒定；由于喷雾器不清洁，造成试液雾化不良而引起激发条件不稳定，如在测定时一定要求试液澄清，并随时用水或乙醇清洗喷雾器。同时，主要液面高度变化，会引起激发后的元素浓度有变化，因而测定

时一定要保持液面高度一致。

② 试液组成改变。试液的物理性能应尽量与标准溶液的性能一致；用氢氟酸-硫酸除去硅，用氨水和碳酸铵沉淀除去钙、镁、铁、铝等干扰离子。

③ 仪器误差。如应用的滤光片选择性差；周围环境对仪器的影响；光电池使用过久产生疲劳等。消除办法：应注意掌握仪器的性能和控制适当的操作条件，保持仪器良好状态。

432. 72 型分光光度计测定物质含量的基本原理是什么

白光经分光后，得到近似的单色光，让单色光通过有色溶液，被吸收后的透过光投射到光电池上，光电池收到光而放出电子，所产生的电流与光的强度成正比，在检流计上读出相应的吸光度，根据光吸收定律，在入射光波长一定和溶液厚度不变的情况下，溶液的吸光度与溶液中有色化合物的浓度成正比，由此可用工作曲线法确定被测物质含量。

433. 物质的基本单元如何确定

（1）应用等物质的量反应规则进行容量分析计算时，关键是要根据反应式正确地确定在反应中各物质的基本单元。

例如：用碳酸钠作基准物质标定盐酸标准滴定溶液的浓度时，其反应式为：

$$Na_2CO_3 + 2HCl = 2NaCl + H_2O + CO_2\uparrow$$

如果确定酸的基本单元是盐酸分子，则碳酸钠的基本单元为$\frac{1}{2}$碳酸钠；如果确定碳酸钠的基本单元是碳酸钠分子，则酸的基本单元为 2HCl，在化学计量点时有如下关系：

$$c\left(\frac{1}{2}Na_2CO_3\right)V\left(\frac{1}{2}Na_2CO_3\right) = c(HCl)V(HCl)$$

或

$$c(Na_2CO_3)V(Na_2CO_3) = c(2HCl)V(2HCl)$$

（2）下面列出一些常用物质的基本单元

① 中和反应：若每一式量酸或碱或盐在与碱或酸反应时，给出或接受的质子数为 n，则该酸或碱或盐的基本单元为其分子式所表示物质的 $\frac{1}{n}$ 。

一元酸碱及其盐，基本单元为分子式所示物质，如盐酸（HCl）、硝酸（HNO_3）、氢氟酸（HF）、苯二甲酸氢钾（$C_8H_4O_4HK$）、氢氧化钠（NaOH）、氢氧化钾（KOH）、乙酸钠（HAc）、氯化铵（NH_4Cl）、硝酸钠（$NaNO_3$）等。

二元酸碱及其盐，完全反应时，其基本单元为分子式所示物质的$\frac{1}{2}$。如硫酸$\left(\frac{1}{2}H_2SO_4\right)$、草酸$\left(\frac{1}{2}H_2C_2O_4\right)$、碳酸钙$\left(\frac{1}{2}CaCO_3\right)$、碳酸钠$\left(\frac{1}{2}Na_2CO_3\right)$、

氟化钙$\left(\frac{1}{2}CaF_2\right)$等。

离子交换法中的三氧化硫基本单元为$\left(\frac{1}{2}SO_3\right)$。

三元酸碱及其盐完全反应时，其基本单元为分子式所示物质的$\frac{1}{3}$。如磷酸$\left(\frac{1}{3}H_3PO_4\right)$、氢氧化铁$\left[\frac{1}{3}Fe(OH)_3\right]$等。

氟硅酸钾容量法中二氧化硅的基本单元为$\left(\frac{1}{4}SiO_2\right)$。

② 沉淀容量反应：硝酸银（$AgNO_3$）、硫氰酸铵（NH_4SCN）、氯化钠（NaCl）、氯离子（Cl^-）、氟离子（F^-）、硝酸汞$\left[\frac{1}{2}Hg(NO)_3\right]$、硝酸镧$\left[\frac{1}{3}La(NO_3)_3\right]$等。

③ 氧化-还原反应：若每一式量氧化剂或还原剂在反应中得到或失去的电子数为n，则该物质的基本单元为其分子式所示物质的$\frac{1}{n}$，在下列反应中，重铬酸钾的基本单元为$\left(\frac{1}{6}K_2Cr_2O_7\right)$；铁的基本单元为Fe，若计算公式中以$Fe_2O_3$表示，则三氧化二铁的基本单元为$\left(\frac{1}{2}Fe_2O_3\right)$，因为$\frac{1}{2}Fe_2O_3$中含有1Fe：

$$6Fe^{2+} + Cr_2O_7^{2-} + 14H^+ = 6Fe^{3+} + 2Cr^{3+} + 7H_2O$$

碘量法测定水泥中硫酸盐三氧化硫或硫化物时碘酸钾的基本单元为$\left(\frac{1}{6}KIO_3\right)$。每一式量碘酸钾在反应中得到5个电子，化合价从+5降至0，但其基本单元不是$\frac{1}{5}KIO_3$，而是$\frac{1}{6}KIO_3$，这是因为1 IO_3^-与$5I^-$反应生成$3I_2$：

$$IO_3^- + 5I^- + 6H^+ = 3I_2 + 3H_2O$$

而$3I_2$与$3H_2S$或$6Na_2S_2O_3$反应：

$$I_2 + H_2S = 2HI + S\downarrow$$

$$I_2 + 2S_2O_3^{2-} = 2I^- + S_4O_6^{2-}$$

以碘酸钾的基本单元为$\left(\frac{1}{6}KIO_3\right)$，硫代硫酸钠的基本单元为（$Na_2S_2O_3$），硫化物的基本单元为$\left(\frac{1}{2}S\right)$，三氧化硫的基本单元为$\left(\frac{1}{2}SO_3\right)$。

标定硫代硫酸钠标准滴定溶液浓度时，使用重铬酸钾基准溶液，其反应式如下：

$$Cr_2O_7^{2-} + 6S_2O_3^{2} + 14H^+ = 2Cr^{3+} + 3S_4O_6^{2-} + 7H_2O$$

所以重铬酸钾的基本单元为$\left(\frac{1}{6}K_2Cr_2O_7\right)$。

④ 配位反应：因大多数金属阳离子与 EDTA 皆生成配位数比为 1∶1 的配合物，所以 EDTA 的基本单元为 EDTA（常用 EDTA 的二钠盐的水合物为 $Na_2H_2Y \cdot 2H_2O$，其摩尔质量为 372.26g/mol）。

金属阳离子以离子符号所表示的物质为基本单元，如钙离子（Ca^{2+}）、铝离子（Al^{3+}）、钛氧基离子（TiO^{2+}）。

若以金属氧化物表示时，应注意氧化物分子式中如含有 2 个金属阳离子，如 Fe_2O_3，则其基本单元为$\left(\frac{1}{2}Fe_2O_3\right)$；如只含一个金属阳离子的氧化物，则以其分子式所示物质为基本单元，如氧化钙、氧化镁、氧化钡等。

⑤ 其他：在间接滴定法中涉及多个反应，应按反应的次序，通过各步反应的反应式找出滴定剂与被测物质的关系，据此选定滴定剂与被测物质的基本单元。

例如：氟硅酸钾容量法测定二氧化硅的反应步骤大致分为三步：

a. 生成氟硅酸钾沉淀：

$$2K^+ + SiO_3^{2-} + 6F^- + 6H^+ = K_2SiF_6 \downarrow + 3H_2O$$

b. 氟硅酸钾洗净后在沸水中水解：

$$K_2SiF_6 + 3H_2O = 2KF + H_2SiO_3 + 4HF$$

c. 用氢氧化钠标准滴定溶液滴定生成的氢氟酸：

$$HF + NaOH = NaF + H_2O$$

各有关物质之间的关系为：1 SiO_3^{2-}（SiO_2）$=1K_2SiF_6=4HF=4NaOH$。

所以有：$1SiO_2 = 4\ NaOH$，在此例中选定氢氧化钠的基本单元为（NaOH），二氧化硅的基本单元为$\left(\frac{1}{4}SiO_2\right)$，则 n（NaOH）$= n\left(\frac{1}{4}SiO_2\right)$。

434. 比色分析的理论基础是什么

比色分析是基于物质对光的选择吸收而建立起来的分析方法，它的理论基础是朗伯-比尔定律 $A = \lg\frac{I_0}{I} = Kbc$，即当一束单色光通过均匀的溶液时，其吸光度与溶液的浓度和厚度的乘积成正比。

435. 缓冲溶液的 pH 值如何计算？举例说明

（1）弱酸＋弱酸盐组成缓冲溶液的计算：

$$c(H^+) = K_a\frac{c_a}{c_s}$$

$$pH = pK_a - \lg\frac{c_a}{c_s}$$

式中 $c(H^+)$——溶液中 H^+ 的浓度（mol/L）；

K_a——弱酸的电离常数；

c_a——弱酸溶液的浓度（mol/L）；

c_s——弱酸盐溶液的浓度（mol/L）；

pK_a——$|\lg K_a|$的值。

（2）弱碱＋弱碱盐组成缓冲溶液的计算：

$$c(OH^-) = K_b \frac{c_b}{c_s}$$

$$pH = 14 - pK_b + \lg \frac{c_b}{c_s}$$

式中 $c(OH^-)$——溶液中 OH^- 的浓度（mol/L）；

K_b——弱碱的电离常数；

c_b——弱碱溶液的浓度（mol/L）；

c_s——弱碱盐溶液的浓度（mol/L）；

pK_b——$|\lg K_b|$的值。

例：计算 50mL 0.1mol/L HAc 和 50mL 0.1mol/L NaAc 所组成的缓冲溶液的 pH 值；然后分别计算加入 0.05mL 1mol/L HCl；加入 0.05mL 1mol/L NaOH；稀释 10 倍后溶液的 pH 值变化？（HAc 的 $K_a = 1.8 \times 10^{-5}$）

解：$pK_a = |\lg(1.8 \times 10^{-5})| = |0.26 - 5| = 4.74$

① 缓冲溶液的 pH

$$pH = pK_a - \lg \frac{c_a}{c_s} = 4.74 - \lg \frac{0.1}{0.1} = 4.74$$

② 当加入 0.05mL 1mol/L HCl 后，溶液发生下列反应

$$H^+ + Ac^- \rightleftharpoons HAc$$

所以溶液中［Ac^-］减少了，［HAc］增加了。0.05mL 1mol/L HCl 加入到 50mL 溶液中电离出的 H^+ 浓度为 $\frac{1 \times 0.05}{50.05} = 0.001$mol/L，因此溶液中［$Ac^-$］浓度降低了 0.001mol/L，相应的［HAc］的浓度增加了 0.001mol/L，平衡时：

$$c(Ac^-) = 0.1 - 0.001 = 0.099\text{mol/L}$$

$$c(HAc) = 0.1 + 0.001 = 1.101\text{mol/L}$$

$$pH = pK_a - \lg \frac{0.101}{0.099} = 4.74 - 0.01 = 4.73$$

③ 当加入 0.05mL 1mol/L NaOH 后，同理，溶液的 pH 值：

$$pH = pK_a - \lg \frac{0.099}{0.101} = 4.74 + 0.01 = 4.75$$

④ 溶液体积稀释 10 倍后，［HAc］和［Ac^-］相应也降低为原来的 1/10，即 $c(HAc) = 0.011$mol/L、$c(Ac^-) = 0.011$mol/L，由于 $c(HAc)$和$c(Ac^-)$比值不

变，所以原溶液的 pH=4.74；加入强酸后 pH=4.73；加入强碱后 pH=4.75；稀释 10 倍后 pH=4.74。

436. 快速分析萤石中氟化钙的原理是什么

用含定量钙的乙酸溶液处理萤石试样，使试样中的碳酸钙与硫酸钙溶解，而氟化钙基本不溶解。通过理论分析和试验证明，由于同离子效应，当乙酸溶液中钙离子浓度高于 0.02mol/L 时，氟化钙的溶解度降低为原来的 1/10，所以选择 0.03mol/L 的含钙乙酸溶液处理试样，避免了以往用乙酸溶液处理试样时氟化钙的溶解现象，提高了分析结果的准确度，在计算结果时不再加校正值。

分离后的残渣用盐酸-硼酸-硫酸混合酸处理，则氟化钙溶解生成氟硼酸：

$$2CaF_2+4HCl+H_3BO_3 = 2CaCl_2+HBF_4+3H_2O$$

然后用 EDTA 配位滴定法测定溶液中的钙离子，换算为氟化钙的质量分数。

437. 分析结果偏高的影响因素有哪些

（1）在测定条件下其他成分也被测定

1）来自试剂的“因素”。如：

① 磷酸中的铁；

② 氟化钾、氯化钾中的硅；

③ 铝丝中的铁；

④ 氨-氯化铵缓冲溶液中的镁；

⑤ 阳离子交换树脂中的残余酸。

2）来自水中的“因素”。如：

① 蒸馏水中的 Cu^{2+}、Ca^{2+}、Mg^{2+}；

② 阳离子交换水中的硅酸；

③ 水中的碳酸。

3）来自实验器皿中的“因素”。如：

① 氟硅酸钾容量法测二氧化硅时，错误地使用玻璃器皿盛装；过滤含有氢氟酸的溶液，使用带颜色的塑料筷子做搅拌棒；

② 氢氧化钠熔样后脱埚时，在玻璃烧杯中长时间煮沸，或长久放置氢氧化钠溶液，玻璃中的硅进入溶液。

4）来自溶液中共存离子的干扰。在确定分析条件时一般都采取了相应的措施消除此种干扰，如操作不当，最易发生此种干扰。如：配位滴定中，钛对铝的干扰，锰对铝、镁的干扰，钙对铝的干扰等。又如，以硫酸钡重量法测定矿渣硅酸盐水泥中硫酸盐三氧化硫时，不正确地加了硝酸，将硫化物氧化为硫酸盐，造成结果偏高；重量法中沉淀对共存离子的吸附，未过滤除去不溶杂质或未将不溶杂质熔融分解，使之进入溶液。

（2）计量用的容量器皿不准确或使用不当

例如，滴定管未校准；配套使用的移液管与容量瓶之间的体积比未校准；移取试验溶液时将移液管尖部最后一滴溶液吹入烧杯中；滴定管内壁不洁，沾留溶液；滴定速度太快而又过早读数。

（3）标准滴定溶液浓度的标示值高于实际值（直接滴定法中）

① 标定标准滴定溶液浓度用的基准试剂纯度不够，或久置吸水用前未烘干。

例如，苯二钾酸氢钾不纯，用于标定氢氧化钠标准滴定溶液，则后者浓度值偏高。

标定 EDTA 标准滴定溶液用的基准碳酸钙久置后吸水，直接称取，则标出的 EDTA 标准滴定溶液浓度值偏高，其影响明显地反映在 EDTA 配位滴定 CaO 的结果偏高。

② NaOH 等标准滴定溶液久置后因吸收二氧化碳导致浓度下降，而又未及时复标。

（4）试样预处理不当而导致成分发生变化

如将二水石膏在 105～110℃下烘干，使其失去结晶水，导致主成分 CaO 和 SO_3的测定结果显著偏高。二水石膏应在（45±3)℃下烘 2h。

（5）直接滴定时滴过终点

① EDTA 滴定 Fe^{3+}，近终点时滴入 EDTA 过快；

② 滴定 CaO 时，高镁试样 $Mg(OH)_2$沉淀吸附指示剂；

③ 指示剂质量不好，或加入量太大。

（6）返滴定法未回滴至终点，或被返滴定的物质造成损失。

438. 分析结果偏低的影响因素有哪些

（1）操作中造成试料损失。如熔样时试料飞溅、溢出；脱埚后加酸时未加盖表面皿造成溶液损失；坩埚盖及坩埚未洗净；转移试样溶液时造成损失。

（2）试料未全部进入溶液中。如试样颗粒太粗，熔剂量不足，熔融温度低，时间短；以酸处理酸不溶物含量高的试样；离子交换法测定硬石膏中硫酸盐三氧化硫时，树脂量不足，交换时间短，$CaSO_4$未全部溶解并交换。

（3）试料成分发生变化。如水泥熟料、黏土等放置时间过长后烧失量增大，导致主成分含量下降。

（4）重量法中有沉淀漏失在滤液中，或沉淀生成不完全。

（5）标准滴定溶液表观浓度值不正确。

① 用基准物质标定时，标定值偏低；

② 标准滴定溶液久置后溶剂挥发，造成实际浓度偏高，滴定时标准滴定溶液的用量减少。

（6）返滴定时滴过终点。

（7）连续滴定中（如 EDTA 连续测定 Fe、Al），铁滴定过量，造成铝结果偏低。

（8）氟硅酸钾容量法测定二氧化硅，中和残余酸或洗涤氟硅酸钾沉淀时，造成氟硅酸钾提前水解。

439. 对全分析室的建筑有什么要求

（1）位置：化验室的位置应选在生产车间上风向处，能避开机械振动、烟囱、来往车辆、灰尘等，在不影响化验室工作的前提下，尽量靠近生产车间，便于质量管理和质量控制。如果是化验楼，一般分析室在楼上，并在朝阳一面。

（2）建造结构：房屋的结构要防震、防火、隔热、空气流通、充分采光，并要选好通风橱安装位置，内有排气设备。条件允许时，在通风橱内壁和水盆的墙壁上镶嵌瓷釉面砖。可根据具体要求、具体情况设置木质或水泥的操作实验台，高度要适宜，在其表面可镶嵌耐酸耐碱的瓷釉面砖。

（3）供电：有照明电、动力电，而且线路开关布局要合理。

（4）供排水：各操作室要安装自来水管，根据需要设置水盆和水龙头，同时设立相应的排水管道。

（5）恒温设施：分析室各操作室要设空调设备。

（6）天平室、高温炉室、滴定操作室等应分开，根据操作方便适当布置。

（7）天平室和精密仪器室总的要求是安静、防震、干燥、避光。

① 防震：安放天平和精密仪器的试验台应是水泥台；

② 避光：窗帘要挂遮光的双层窗帘；

③ 照明：室内照明的灯光最好可调；

④ 干燥：室内应保持干燥。

2.4.3　一级物理检验部分

440. 水泥 28d 强度为什么会出现倒缩

水泥强度一般都是随着龄期的延长而增高，但有时也会出现 28d 强度反而比 3d 强度低，也就是出现强度倒缩。

水泥强度出现倒缩，主要是由于熟料中 f-CaO 含量过高造成。经过高温死烧的 f-CaO，结构致密，与水反应的速度很慢，通常是在加水后 7～14d 才大量水化，产生氢氧化钙水化产物，体积膨胀，在已硬化的水泥石内部产生膨胀应力，造成水泥石强度下降，严重时水泥石崩溃，造成安定性不良。

出现强度倒缩的水泥一般安定性不好，可以通过降低熟料中 f-CaO 含量、增加水泥粉磨细度，或把水泥储存一段时间使 f-CaO 吸收空气中的水分而消解，可有效防止强度倒缩现象的出现。

441. 为何大磨和化验室实验小磨水泥强度相差很大

水泥强度除了与熟料矿物组成、混合材种类和掺量以及石膏品位和掺量相关外，还主要受水泥的粉磨细度影响。水泥厂控制水泥细度的指标一般为筛余量和比表面积。

生产大磨与化验室实验小磨有很大的不同。生产大磨是连续生产的，物料在磨内流动，在磨内的停留时间有限，因此过粉磨现象较少；而化验室实验小磨，是间歇式粉磨，容易产生过粉磨现象，因此在筛余量相同的情况下，化验室实验小磨的水泥比表面积往往比生产大磨的水泥比表面积大得多，所以，常常会出现大磨与小磨的水泥强度相差很大。要缩小它们之间的差别，应该以水泥比表面积作为指标，使两者的比表面积相同，然后进行强度对比，它们之间的强度差别就会减小。

以比表面积作指标进行大磨和小磨之间的对比实验时，有时筛余量会相差很大，主要是由小磨破碎能力差造成的。应降低小磨水泥的入磨物料粒度，缩小两者之间筛余量的差别。

442. 物理室的设计及设备布置应注意哪些问题

(1) 物理室的设计及设备布置

在进行实验室的设计时，应根据本厂化验室的具体情况，广泛参考同规模的水泥厂进行设计。各种仪器设备的布置必须根据设备本身要求，遵循便于操作、便于维修又安全可靠的原则安装到合适的位置。成型室试验台的高度必须适宜，试体养护箱及养护池的设计，要根据本厂的生产规模，使其能达到国标对试体的养护要求，既操作方便，又美观大方。

(2) 试验条件

试验条件包括试验操作室及试体养护的环境条件，化验室可以建立地下室，以满足胶砂成型试验及试体养护过程中对温度、湿度的要求。为达到标准规定的试验条件（如温度、湿度），要在地下室安装空调，以利于严格控制实验室的温度、湿度，减小试验误差。

443. 易磨性试验平衡状态所得成品如何用筛分法测定其粒度分布

称取 100.0g 成品，先用 40μm 水筛洗去微粉，收集筛余物烘干后，再用 6 个 40～71μm 的套筛进行筛分。根据粒度分布求成品的 80%通过粒度。

444. 根据熟料强度，控制和预测水泥强度的方法是什么

熟料强度对水泥强度起决定性作用，两者之间存在良好的相关性，是依据熟料强度控制和预测水泥强度的前提和基础。基本方法是：选择影响熟料强度的 KH、p、n、细度（或 CaO、SiO_2、Al_2O_3、Fe_2O_3、f-CaO、SO_3）中的多个或全部作为相关因子，建立熟料 3d 和 28d 强度和相关因子之间的数学模型，确定回归方程（线性方程），根据回归方程即可求出熟料强度。用同样的方法，可建立出磨水泥 28d 强度与熟料预测强度或实测强度（3d）、水泥细度、SO_3 含量、混合材掺量之间的数学模型，确定回归方程，即可预测出相应的水泥强度。

445. 水泥强度与熟料强度相关性差的原因有哪些

熟料的矿物组成和结构决定熟料强度，熟料强度对水泥强度起主要作用，两者之间存在良好的相关性。如果水泥强度与熟料强度相关性差，就不能真实地反映实际生产情况和过程质量水平。造成这一现象的主要原因有：

（1）熟料取样代表性不强。理论上讲，取样应根据熟料的外观、烧结状态、粒度按比率、有周期性地选择。熟料取样地点应选择破碎后的出窑熟料。

（2）熟料制备方法不科学。所取熟料应全部经过破碎，并混合均匀再缩分制样。小磨的结构、研磨体的级配及粉磨方式与实际生产用磨机之间的差异，使得熟料的比表面积、颗粒级配与水泥的指标相差甚大，强度结果无可比性。

（3）时间上的差异和安定性情况不同。水泥强度的检验往往滞后于熟料强度的检验，而水泥安定性则比熟料安定性相对好些，安定性不合格的熟料强度是虚假强度。

（4）生产控制指标波动较大，混合材掺量、SO_3控制指标等不稳定或计量不准。

因此，小磨试验得出的数据只能作为生产控制指标的参考数据，在制定控制指标时应进一步找出（用回归法）大、小磨之间的关系，对试验数据进行符合生产实际的修正后，才能成为实际生产中水泥的控制指标。

446. 何谓水泥净浆结粒？水泥净浆结粒有何危害？影响水泥净浆结粒的因素有哪些

（1）所谓水泥净浆结粒，就是在不搅拌的条件下，往水泥中加入一定量水后，在很短时间内，就出现许多直径为 0.5～3mm 的小颗粒。严重时水泥加水后看不到水泥浆体，而全部成为豆沙状。这种小颗粒呈塑性状态，用手可以捏开，却无法搅拌开。

（2）水泥一旦产生净浆结粒，将使水泥浆体不能成为一个均匀的泥浆体，而是成为含有许多小颗粒的混合浆体，直接导致水泥黏性变差，无法粘贴瓷砖、墙砖或粘贴后容易脱落等，给工程质量带来危害，造成工程质量事故。

（3）影响水泥净浆结粒的因素

① 温度的影响。水泥水化时拌合水及水泥的温度是影响水泥净浆结粒的最主要因素之一。温度越高，净浆结粒量越多。

② 水泥中石膏掺量的影响。水泥结粒量随着石膏掺量的增加而下降，净浆结粒程度减轻。

③ 水泥细度的影响。水泥比表面积小，则结粒量多。随着比表面积的增大，起初结粒量减小幅度较大；比表面积大于 $350m^2/kg$ 后，结粒量减小速率趋缓。

④ 熟料中 C_3A 含量的影响。水泥结粒量随熟料矿物 C_3A 含量的增加而增多。熟料中 C_3A 含量超过 10%时，结粒量将显著增多。

3 安全与职业健康

3.1 安全适用法律法规

447.《中华人民共和国安全生产法》要点有哪些

（1）坚持以人为本，推进安全发展。

（2）完善安全工作方针和机制。

（3）进一步明确生产经营单位的安全生产主体责任。

（4）建立预防安全生产事故的制度。

（5）建立安全生产标准化制度。

（6）推进安全生产责任保险制度。

（7）加大对安全生产违法行为的责任追究力度。

448. 安全事故的分类有哪些

根据生产安全事故（以下简称事故）造成的人员伤亡或者直接经济损失，事故一般分为以下等级：

（1）特别重大事故：是指造成30人以上死亡，或者100人以上重伤（包括急性工业中毒，下同），或者1亿元以上直接经济损失的事故。

（2）重大事故：是指造成10人以上30人以下死亡，或者50人以上100人以下重伤，或者5000万元以上1亿元以下直接经济损失的事故。

（3）较大事故：是指造成3人以上10人以下死亡，或者10人以上50人以下重伤，或者1000万元以上5000万元以下直接经济损失的事故。

（4）一般事故：是指造成3人以下死亡，或者10人以下重伤，或者1000万元以下直接经济损失的事故。

449. 安全事故的上报程序有哪些

（1）事故发生后，事故现场有关人员应当立即向本单位负责人报告；单位负责人接到报告后，应当于1小时内向事故发生地县级以上人民政府安全生产监督管理部门和负有安全生产监督管理职责的有关部门报告。

（2）情况紧急时，事故现场有关人员可以直接向事故发生地县级以上人民政府安全生产监督管理部门和负有安全生产监督管理职责的有关部门报告。

（3）安全生产监督管理部门和负有安全生产监督管理职责的有关部门接到事故报告后，应当依照下列规定上报事故情况，并通知公安机关、劳动保障行政部门、工会和人民检察院：

① 特别重大事故、重大事故逐级上报至国务院安全生产监督管理部门和负有安全生产监督管理职责的有关部门。

② 较大事故逐级上报至省、自治区、直辖市人民政府安全生产监督管理部门和负有安全生产监督管理职责的有关部门。

③ 一般事故上报至设区的市级人民政府安全生产监督管理部门和负有安全生产监督管理职责的有关部门。

④ 安全生产监督管理部门和负有安全生产监督管理职责的有关部门逐级上报事故情况，每级上报的时间不得超过2小时。

450. 水泥企业安全事故报告要求

《水泥企业安全生产管理规范》中规定水泥企业事故报告要求：

（1）发生人身轻伤事故，发生部门应立即报告企业主要负责人和安全管理部门，并附事故简要经过。

（2）发生重伤、死亡事故，发生部门应立即报告企业主要负责人，主要负责人接到事故报告后，应立即启动应急救援预案，组织救援，防止事故扩大，在1小时内向事故发生地县级以上人民政府安全生产监督管理部门和负有安全生产监督管理职责的有关部门报告，保护事故现场及有关证据。情况紧急时，事故现场有关人员可以直接向事故发生地县级以上人民政府安全生产监督管理部门和负有安全生产监督管理职责的有关部门报告。

3.2 安全与职业健康管理

451. 水泥企业关于职业健康有哪些要求

（1）企业应采用有效的方式对从业人员及相关方进行教育培训，内容包括了解生产过程中的职业危害、掌握预防和应急处理措施、消除或降低危害后果。

（2）企业应按照法律法规、标准规范的要求，组织作业时有接触职业病危害因素的从业人员进行上岗前、在岗期间、应急和离岗时的职业健康检查，并将检查结果书面如实告知从业人员，职业健康检查费用由企业承担。

（3）从业人员离开企业时，有权索取本人职业健康监护档案复印件，用人企业应如实、无偿提供，并在所提供的复印件上签章。

（4）企业应为从业人员配备符合国家标准和行业标准的安全及职业病防护用品，并督促、指导从业人员按照使用规则正确佩戴、使用，不得发放钱物替代发放安全及职业病防护用品。

（5）对存在严重职业危害的作业岗位，应按《工作场所职业病危害警示标识》（GBZ 158—2003）的规定，在醒目位置设置警示标识和警示说明。警示说明应载明职业危害的种类、后果、预防和应急救治措施。

（6）职业病危害项目申报按国家安全生产监督管理总局 2012 年 48 号令。

452. 水泥企业安全装置有哪些通用要求

（1）设备设施的安全防护装置应完好，外露传动和运动部分应按《水泥工厂职业安全卫生设计规范》（GB 50577—2010）中 5.2.8 的规定。

（2）应定期对设备设施的安全装置进行检查和维护，对不符合安全要求的设备设施及时进行整改。

（3）设备长时间停机或维修后重新使用前，应由专业技术人员进行检查，确认正常后方可使用。

（4）定期检查建筑物、构筑物和临时设施的安全状况，对存在的安全隐患及时进行整改。

（5）设备设施周边或作业室内不得积存易燃、易爆材料和其他与本工艺部位无关的杂物。

（6）新建、扩建、改建企业的设备和设施的卫生防护距离应按《非金属矿物制品业卫生防护距离　第 1 部分：水泥制造业》（GB 18068.1—2012）的规定。防尘按《水泥生产防尘技术规程》（GB/T 16911—2008）的规定。

453. 安全教育形式可分为哪几种

（1）广告宣传式：包括安全广告、标语、宣传画、标志、展览、黑板报等形式。

（2）演讲式：包括教学、讲座、讲演、经验介绍、现身说法、演讲比赛等形式。

（3）会议讨论式：包括事故现场分析会、班前班后会、专题座谈会等。

（4）竞赛式：包括口头、笔头知识竞赛，安全、消防技能竞赛，其他各种安全教育活动评比等。

（5）声像式：用电影、录像等现代手段，使安全教育寓教于乐。主要有安全方面的广播、电影、电视、录像等。

（6）文艺演出式：以安全为题材编写和演出的相声、小品、话剧等文艺演出的教育形式。

454. 安全教育计划分为哪几种

（1）结合企业实际情况，编制企业年度安全教育计划，每个季度应有教育重点，每月要有教育内容。

（2）严格按制度进行教育对象的登记、培训、考核、发证、资料存档等工作。考试不合格者不准上岗工作。

（3）要有相应的教育培训大纲、培训教材和培训师资，确保教育时间和质量。

（4）经常监督检查，认真查处未经培训就上岗操作和特种作业人员无证操作的责任单位和责任人员。

455. 劳动防护用品的使用管理基本要求是什么

（1）建立健全劳动防护用品的购买、验收、保管、发放、使用、更换、报废等管理制度，并应按照劳动防护用品的使用要求，在使用前对其防护功能进行必要的检查。

（2）购买的劳动防护用品须经本单位的安全技术部门验收。

（3）教育本单位劳动者按照劳动防护用品使用规则和防护要求正确使用劳动防护用品。

456. 易燃易爆场所作业不可使用的品类和必须使用的护品有哪些

不可使用的品类：的确良、尼龙等着火焦结的衣物；聚氯乙烯塑料鞋；底面钉铁件的鞋。

必须使用的护品：棉布工作服；防静电服；防静电鞋。

457. 腐蚀性作业必须使用的护品有哪些

必须使用的护品：防化学液眼镜、防毒口罩、防酸（碱）工作服；耐酸（碱）手套、耐酸（碱）鞋、护发帽。

458. 射线作业必须使用的护品有哪些

防射线护目镜、防射线服。

459. 高处作业不可使用的品类和必须使用的护品是什么

不可使用的品类：底面钉铁件的鞋。

必须使用的护品：安全帽、安全带。

460. 一般防毒措施有哪些

（1）接触有毒有害物质的作业场所应采取有效的防毒措施，作业场所空气中有毒有害物质的容许浓度应符合《工作场所有害因素职业接触限值　第 1 部分：化学有害因素》（GBZ 2.1—2019）的要求。

（2）在其他人员可能接触有毒有害材料的场所，应设置警告标志。对存在可能危及人身安全的设施、装置的施工地点，应用防护结构或围栏进行有效的隔离。

（3）当不得不进入缺氧的有限空间作业时，应符合《缺氧危险作业安全规程》（GB 8958—2006）规定。作业时，应采取机械通风。

（4）有酸碱的作业场所，应设置事故应急冲洗供水设施，并保证作业时间不间断供水。

（5）在作业过程中可能突然逸出大量有毒有害物质或易燃易爆化学物质的作

业场所，应安装自动报警装置、事故通风设施。事故排风装置的排出口应避免对居民和行人产生影响。

(6) 优先采用无毒建筑材料，用无毒材料替代有毒材料，用低毒材料替代高毒材料。

(7) 在使用有机溶剂、稀料、涂料或挥发性化学物质时，应当设置全面通风或局部通风设施；电焊作业时，设置局部通风防尘装置；所有挖方工程、竖井、土方工程、地下工程、隧道等密闭空间作业应当设置通风设施，保证足够的新风量。地下爆破作业后，应进行机械通风。

(8) 使用有毒化学品时，劳动者应正确使用施工工具，在作业点的上风向施工。

(9) 接触挥发性有毒化学品的劳动者，应当配备有效的呼吸防护用品；接触经皮肤吸收或刺激性、腐蚀性的化学品，应配备有效的防护服、防护手套和防护眼镜。

(10) 严禁劳动者在有毒有害工作场所进食和吸烟，饭前班后应及时洗手和更换衣服。

461. 工业气瓶安全使用规范是什么

(1) 气瓶的购入和保管实行登记制度，检验合格后，应在规定的周期内使用。

(2) 氧气瓶、乙炔瓶每 3 年检验一次。氮气、氩气、二氧化碳瓶每 5 年检验一次。超过 30 年的钢瓶应按报废处理，氧气瓶、乙炔瓶的防护帽、减震圈等装置应完好，并应经常检查气瓶是否漏气。

(3) 氧气瓶、乙炔瓶及易燃易爆物品不得混装运输。氧气瓶、乙炔瓶存放的安全距离应不小于 5m，与明火、易燃易爆物的距离应不小于 10m。

(4) 乙炔瓶在使用时，应垂直立放，并设有防回火装置和防倾倒装置；氧气瓶卧放使用时，应有防滚动措施。氧气瓶、乙炔瓶应避免阳光直接暴晒及高温热源辐射。

(5) 氧气瓶和乙炔瓶中的余气不应全部用完，应留有不小于 0.1MPa 表压的余气。

(6) 乙炔瓶冬季发生瓶阀冻结，宜使用水蒸气或 40℃以下的热水加热解冻，不应使用火焰加热、烘烤。

(7) 氧气瓶嘴、扳手和焊炬、割炬的气体通路不得沾油脂，焊炬、割炬的气体通路不得有漏气现象。

(8) 同一作业点气瓶放置不超过 5 瓶；超过 5 瓶但不超过 20 瓶应有防火防爆措施；超过 20 瓶应建二级耐火建筑的气瓶库。

(9) 空瓶与实瓶应分开放置，保持 1.5m 以上距离，且有明显标记。

462. 化学危险品储存的基本要求

《常用化学危险品贮存通则》（GB 15603—1995）中规定化学危险品储存的基本要求：

（1）贮存化学危险品必须遵照国家法律、法规和其他有关的规定。

（2）化学危险品必须储存在经公安部门批准设置的专门的化学危险品仓库中，经销部门自管仓库储存化学危险品及贮存数量必须经公安部门批准。未经批准不得随意设置化学危险品贮存仓库。

（3）化学危险品露天堆放，应符合防火、防爆的安全要求。爆炸物品、一级易燃物品、遇湿燃烧物品、剧毒物品不得露天堆放。

（4）储存化学危险品的仓库必须配备有专业知识的技术人员，其库房及场所应设专人管理，管理人员必须配备可靠的个人安全防护用品。

（5）化学危险品按国家标准《化学品分类和危险性公示　通则》（GB 13690—2009）的规定分为八类：

a. 爆炸品；

b. 压缩气体和液化气体；

c. 易燃液体；

d. 易燃固体、自燃物品和遇湿易燃物品；

e. 氧化剂和有机过氧化物；

f. 毒害品；

g. 放射性物品；

h. 腐蚀品。

463. 化学危险品的养护措施有哪些

（1）化学危险品入库时，应严格检验商品质量、数量、包装情况、有无泄漏。

（2）化学危险品入库后应采取适当的养护措施，在储存期内，定期检查，发现其品质变化、包装破损、渗漏、稳定剂短缺等，及时处理。

（3）库房温度应严格控制，经常检查，发现变化及时调整。

464. 化学危险品出入库管理包括哪些内容

（1）储存化学危险品的仓库，必须建立严格的出入库管理制度。

（2）化学危险品出入库前均应按合同进行检查验收、登记，验收内容包括：商品数量、包装、危险标志。经核对后方可入库、出库，当商品性质未弄清时不得入库。

（3）进入化学危险品储存区域的人员、机动车辆和作业车辆，必须采取防火措施。

（4）装卸、搬运化学危险品时应按有关规定进行，做到轻装、轻卸。严禁摔、碰、撞击、拖拉、倾斜和滚动。

(5) 装卸对人身有害及腐蚀性的物品时，操作人员应根据危险性，穿戴相应的防护用品。

(6) 不得用同一车辆运输互为禁忌的物料。

(7) 修补、换装、清扫、装卸易燃、易爆物料时，应使用不产生火花的铜制、合金制或其他工具。

465. 化学危险品消防措施有哪些

(1) 根据危险品特性和仓库条件，必须配置相应的消防设备、设施和灭火药剂，并配备经过培训的兼职和专职的消防人员。

(2) 储存化学危险品建筑内应根据仓库条件安装自动监测和火灾报警系统。

(3) 贮存化学危险品的建筑物内，如条件允许，应安装灭火喷淋系统（遇水燃烧化学危险品，不可用水扑救的火灾除外），其喷淋强度和供水时间如下：喷洒强度：15L/(min·m^2)，持续时间：90min。

466. 废弃化学危险品怎么处理

(1) 禁止在化学危险品储存区域内堆积可燃废弃物品。

(2) 泄漏或渗漏危险品的包装容器应迅速移至安全区域。

(3) 按化学危险品特性，用化学的或物理的方法处理废弃物品，不得任意抛弃、污染环境。

467. 如何预防烧伤

在化学分析室里，皮肤的烧伤，常常是由于接触具有腐蚀性或刺激性的药品、火焰、高温物体、电流等而引起的。各种烧伤的危险性是身体损伤大量水分，烧伤后多数由于身体组织损伤、细菌感染而发生严重的并发症。预防烧伤应遵守下列规则：

(1) 取用硫酸、硝酸、浓盐酸、氢氟酸、氢氧化钠（钾）、氨水和液体溴时应戴上胶皮手套，不要让药品沾在手上。氢氟酸烧伤较其他酸碱烧伤更危险，如不及时处理，将使骨脉组织坏死。故使用氢氟酸时要特别小心，操作后必须立即洗手，以免意外烧伤。

(2) 稀释浓硫酸时，必须将浓硫酸缓缓加入水中，同时不断搅拌。因浓硫酸与水作用生成水化物产生大量热，如将浓硫酸急速倾入水中，骤然发热会使硫酸溅出，伤害皮肤和眼睛。更重要的是决不允许将水倒入浓硫酸中，否则必然导致酸溶液喷出，造成安全事故。

(3) 打开氨水、盐酸、硝酸等药品瓶封口时，应先盖上湿布，用冷水冷却后，再开瓶塞，以防溅出，尤其在夏季更应注意。

(4) 使用酒精灯和喷灯时，酒精不应装得太满，并应先将洒在喷灯外面的酒精擦干净，然后点燃，以免酒精燃烧，将手烧伤。点燃酒精灯时，要用火柴，不要将灯斜到别的灯上去引火，以免酒精洒出，引起火灾。

（5）在使用加热设备如电炉、烘箱、沙浴、水浴等时应严格遵守安全操作规则，以防烫伤。

468. 如何预防中毒

（1）使用有毒气体的药品，都应在通风柜内。如无通风设备，可以在空气流通的地方或室外操作，工作人员应戴口罩。

（2）有煤气的化学分析室，应注意检查管道、开关等，不得漏气，以免煤气中一氧化碳散入空气中而引起中毒。

（3）剧毒药品应存放在塞严的瓶内，标上标签，由专人保管。

（4）使用后的含有毒物的废液，不应倒入下水道内，将盛器清洗干净，并立即洗手。

（5）当水银仪器破损时，洒出的水银应尽量消除干净，然后在残迹处撒上硫磺粉使之完全消除。

（6）用嗅觉检查试剂时，只能用手扇送少量气体，轻轻嗅闻。

（7）不要用化学分析室的器皿做饮食工具，离开化学分析室后立即洗手。

469. 化验室中毒后如何进行急救

根据中毒途径的不同，在人员送往医院之前，可采取以下相应的急救措施：

（1）通过呼吸道中毒：立即将患者抬离现场，到通风良好的环境中，使患者呼吸新鲜空气。轻者，会慢慢好转；重者，如有昏迷、休克等，可采用人工呼吸。

（2）通过消化道中毒：由口中服入毒物时，首先要进行洗胃、呕吐，然后服解毒剂，如牛奶、生蛋清等。

（3）通过触及皮肤中毒和五官黏膜受刺激：皮肤和眼、鼻、咽喉受毒物侵害时，要立即用大量自来水冲洗，冲洗得越早越彻底越好，有条件的，可涂或服用适当的缓冲剂、中和剂。

470. 如何预防割伤

玻璃仪器的破裂，常常容易割伤皮肤，在化学分析室里，应特别注意防止割伤，因为药品渗入伤口，不易痊愈。为防止割伤，应注意下列事项：

（1）折断玻璃管或安装洗瓶时，要用布包住或戴上线手套。

（2）使用玻璃仪器前，对仪器应进行检查，不要使用有裂纹的仪器。

（3）细口瓶和容量瓶都不是由耐热玻璃制成，受热容易炸裂，不能直接在电炉上加热。装入的溶液不可过热，配制溶液时，应先在烧杯内将试剂溶解，尤其是溶解放热性物质时，必须将试剂一份份地加入水中，稍冷后再倒入瓶内，以免因溶解时发热，使瓶炸裂。

（4）用酒精灯和喷灯加热烧杯和烧瓶时，下部应垫石棉网，以免受热不均匀发生炸裂。

附　　录

附表 1　常用酸和氨水的密度和浓度

名称	相对分子质量	密度 (g/cm³)	质量分数 (%)	浓度（近似）(mol/L)
盐酸（HCl）	34.46	1.19	38	12
硝酸（HNO_3）	63.01	1.42	70	16
硫酸（H_2SO_4）	98.08	1.84	98	c（1/2 H_2SO_4）＝36
磷酸（H_3PO_4）	98.00	1.69	85	c（1/3 H_3PO_4）＝45
氢氟酸（HF）	20.01	1.13	40	22.5
高氯酸（$HClO_4$）	100.46	1.67	70	12
氢溴酸（HBr）	80.93	1.49	47	9
甲酸（HCOOH）	46.04	1.06	26	6
冰乙酸（CH_3COOH）	60.05	1.05	99.9	17
氨水（$NH_3 \cdot H_2O$）	35.05	0.91～0.90	25～28	15

附表 2　常用酸碱指示剂

指示剂	变色范围 pH	颜色		浓度
		酸色	碱色	
百里酚蓝（第一次变色）	1.2～2.8	红	黄	1g/L（20%乙醇溶液）
甲基黄	2.9～4.0	红	黄	1g/L（90%乙醇溶液）
甲基橙	3.1～4.4	红	黄	0.5g/L 水溶液
溴酚蓝	3.1～4.6	黄	紫	1g/L（20%乙醇溶液），或指示剂钠盐的水溶液
溴甲酚绿	3.8～5.4	黄	蓝	1g/L 水溶液，每 100mg 指示剂加 2.9mL NaOH 溶液（0.05mol/L）
甲基红	4.4～6.2	红	黄	1g/L（60%乙醇溶液），或指示剂钠盐的水溶液
溴百里酚蓝	6.0～7.6	黄	蓝	1g/L（20%乙醇溶液），或指示剂钠盐的水溶液
中性红	6.8～8.0	红	黄橙	1g/L（60%乙醇溶液）

续表

指示剂	变色范围 pH	颜色		浓度
		酸色	碱色	
酚红	6.7～8.4	黄	红	1g/L（60%乙醇溶液），或指示剂钠盐的水溶液
酚酞	8.0～9.6	无	红	1g/L（90%乙醇溶液）
百里酚蓝（第二次变色）	8.0～9.6	黄	蓝	1g/L（20%乙醇溶液）
百里酚酞	9.4～10.6	无	蓝	1g/L（90%乙醇溶液）

附表 3　常用混合指示剂及其变色范围

指示剂溶液的组成	变色点 pH	颜色变化	备　注
1 份甲基橙水溶液 1 份 2.5g/L 靛蓝二磺酸水溶液	4.1	紫—绿	在灯光下可以滴定，溶液保存在棕色瓶中
1 份 1g/L 溴甲酚绿钠盐水溶液 1 份 0.2g/L 甲基橙水溶液	4.3	橙—蓝绿	pH=3.5 黄色；4.05 绿色；4.3 浅绿
3 份 1g/L 溴甲酚绿酒精溶液 1 份 2g/L 甲基红酒精溶液	5.1	酒红—绿	颜色变化很显著
1 份 2g/L 甲基红酒精溶液 1 份 2g/L 亚甲基蓝酒精溶液	5.4	红紫—绿	pH=5.2 紫红；5.4 暗红； 5.6 绿色；溶液保存在棕色瓶中
1 份 1g/L 溴甲酚绿钠盐水溶液 1 份 1g/L 氯酚红钠盐水溶液	6.1	黄绿—蓝紫	pH=5.4 蓝绿；5.8 蓝色； 6.0 蓝中带紫；6.2 蓝紫
1 份 1g/L 溴甲酚紫钠盐水溶液 1 份 1g/L 溴百里酚蓝钠盐水溶液	6.7	黄—紫蓝	pH=6.2 黄紫；6.6 紫色；6.8 蓝紫
1 份 1g/L 中性红酒精溶液 1 份 1g/L 亚甲基蓝酒精溶液	7.0	紫蓝—绿	pH=7.0 蓝紫，溶液保存在棕色瓶中
1 份 1g/L 中性红酒精溶液 1 份 1g/L 溴百里酚蓝酒精溶液	7.2	玫瑰—绿	pH=7.4 暗绿；7.0 玫瑰；7.2 浅红
1 份 1g/L 酚红的 50%酒精溶液 2 份 1g/L 氮萘蓝的 50%酒精溶液	7.3	黄—紫	pH=7.2 橙色；7.4 紫色； 放置后颜色逐渐褪去
2 份 1g/L a-萘酚酞酒精溶液 1 份 1g/L 甲酚红酒精溶液	8.3	浅红—紫	pH=8.2 淡紫；8.4 深紫
1 份 1g/L 酚酞酒精溶液 2 份 1g/L 甲基绿酒精溶液	8.9	绿—紫	pH=8.8 浅蓝；9.0 蓝色
1 份 1g/L 百里酚蓝的 50%酒精溶液 3 份 1g/L 酚酞 50%酒精溶液	9.0	黄—紫	从黄到绿再到紫
1 份 1g/L 酚酞酒精溶液 2 份 1g/L 尼罗蓝酒精溶液	10.0	蓝—红	pH=10 紫色

附表 4　常用洗涤剂

名称	配制方法	备注
合成洗涤剂	将合成洗涤剂粉用热水搅拌配成浓溶液	用于一般的洗涤
皂角水	将皂夹捣碎，用水熬成溶液	用于一般的洗涤
铬酸洗液	称取 20g $K_2Cr_2O_7$（L. R.）于 500mL 烧杯中，加 40mL 水，加热溶解，冷却后，缓缓加入 320mL 浓 H_2SO_4（注意边加边搅拌），贮于磨口细瓶中	用于洗涤油污及有机物，使用时防止被水稀释。用后倒回原瓶，可反复使用，直至溶液变为绿色[1)]
$KMnO_4$ 碱性洗液	称取 4g $KMnO_4$（L. R.），溶于少量水中，缓慢加入 100mL NaOH 溶液（100g/L）	用于洗涤油污及有机物。洗后玻璃壁上附着的 MnO_2 沉淀，可用粗亚铁或 Na_2SO_3 溶液洗去
碱性酒精溶液	NaOH 酒精溶液（300～400g/L）	用于洗涤油污
酒精-浓硝酸洗液		用于沾有有机物或油污的结构较复杂的仪器。洗涤时先加入少量酒精于仪器中，再加入少量浓硝酸，即产生大量棕色 NO_2，将有机物氧化而破坏

注：还原成绿色的铬酸洗液，可加入固体 $KMnO_4$ 使其再生，这样实际消耗的是 $KMnO_4$，减少铬对环境的污染。

参 考 文 献

[1] 马振珠，王瑞海．水泥化验室手册[M]．北京：中国建材工业出版社，2012.

[2] 倪竹君，夏莉娜，张绍周．水泥企业统计手册[M]．北京：中国建材工业出版社，2005.

[3] 王瑞海．水泥化学分析检验技术[M]．北京：中国建材工业出版社，2018.

[4] 刘文长，邵春山．水泥化学检验工及化学分析工[M]．北京：中国建材工业出版社，2013.

[5] 曹长武．电力用煤采制化技术及其应用[M]．北京：中国电力出版社，1999.

[6] 杨金和．煤炭化验手册[M]．北京：煤炭工业出版社，1998.

[7] 林宗寿．水泥"十万"个为什么[M]．武汉：武汉理工大学出版社，2010.

[8] 王毓芳，郝凤．ISO 9000 常用统计方法[M]．2 版．北京：中国计量出版社，2002.

[9] 胡佳山．水泥检验工[M]．北京：中国建材工业出版社，2006.